21世纪全国高等院校艺术与设计系列丛书

学会创造——创意思考

Learn to Create——Creative Thinking

叶 丹 蒋珍珍 著

北京大学出版社
PEKING UNIVERSITY PRESS

内容简介

创意是对还没有发生的、即将发生的事作出创造性预想；思考是对问题的每一个环节作出研究后的判断过程，而知识与智慧是创意思考能力的两个要素。本书前四章内容是通过对思考原理、方法和工具的阐述，结合课堂训练课题，并附以学生作业示例，具体展示了创意思考方法和教学过程。后两章内容是结合案例教学来阐述创意设计的原理和操作过程。

本书既可作为产品设计、工业设计、包装设计、艺术设计等专业基础设计课程的教材，也可以作为创意爱好者开拓思路的参考用书。

图书在版编目(CIP)数据

学会创造：创意思考/叶丹，蒋琤琤著. —北京：北京大学出版社，2014.6
(21世纪全国高等院校艺术与设计系列丛书)
ISBN 978-7-301-24348-0

I. ①学… Ⅱ. ①叶… ②蒋… Ⅲ. ①创造性思维—高等学校—教材 Ⅳ. ①B804.4

中国版本图书馆CIP数据核字(2014)第121995号

书　　名：学会创造——创意思考
著作责任者：叶　丹　蒋琤琤　著
策 划 编 辑：孙　明
责 任 编 辑：李瑞芳
标 准 书 号：ISBN 978-7-301-24348-0/J・0592
出 版 发 行：北京大学出版社
地　　址：北京市海淀区成府路 205 号 100871
网　　址：http://www.pup.cn　　新浪官方微博：@北京大学出版社
电 子 信 箱：pup_6@163.com
电　　话：邮购部 62752015　发行部 62750672　编辑部 62750667　出版部 62754962
印 刷 者：北京大学印刷厂
经 销 者：新华书店
787mm × 1092mm　16开本　7印张　159千字
2014 年6月第 1 版　2014 年6月第1次印刷
定　　价：35.00元

前　言

世界教育体系通常分为两大类：理工科和文科。近年来欧洲一些教授提出了第三类教育——设计，并且成为通识教育之列，把阅读、计算、设计等作为“有价值的人”的基本能力。

对以上观点作全面阐述的是英国开放大学知名教授奈杰尔·克罗斯（Nigel Cross）撰写的新书*Designerly Ways of Knowing*（最近已有了中译本《设计师式认知》）。该书把三类知识的认知对象进行了划分：科学研究的是自然世界；人文科学研究的是人类经验；而设计研究的是人造世界。并提出了不同于科学和人文的“设计”成为通识教育的三个理由：

（1）培养解决问题的技能，这些问题来自于现实世界，且未被明确定义。

（2）拓展形象思维能力。

（3）培养非语言性思维和沟通、交流的能力。

作为通识教育的设计课程早已被引入英国的中学教育阶段，欧美高校也把“设计思维”列为新生通识教育范围之列。2012年，本书作者所在的学校——杭州电子科技大学推出了六门“新生研讨课”，期望通过师生互动讨论的小班型教学方式，给新生在思维拓展和学习方法上有新的体验。“创意思考”在列其中，至今已在两届新生中开设此课程，其教学理念与上述“通识课”要求基本相符，本书是教学过程的呈现。

“创意”“创新”等词汇，近年来在社会上已成热门话题，与此相对的“应试教育”也成了民众质疑国内教学质量的原因之一。通过统一标准的高考程序而入学的大学生，如何摆脱应试教育的阴影，提高其创造性和批判性思维能力？进一步说，在学校现实条件下，通过怎样的教学设计和教学过程来达到其创新教学的目的，从这个意义上说，创意思考课程应该成为创新的教学实验。

很久以来就有一种说法，创造能力只能启发和培养，在教室里是无法教授的。著名的德国包豪斯设计学院就有同样的观点：创意设计是无法传授的，但设计技能是可以教授的。所以格罗皮乌斯校长聘请了优秀的手工艺人担任学校工作室的导师，与艺术家组成的教授们共同组织教学，培养了一批具有国际声誉的设计人才，这种“双轨制”模式在20世纪初被认为是设计教育的典范。

受国内教育体制、管理模式以及师资条件等因素的影响，“包豪斯模式”是难以复制的。研究发现，这种模式的关键因素是：重视发展人的知觉思维能力，即视觉、听觉、动觉等能力的联动。这种能力的培养被国内教育有意无意地抹杀了：从幼儿园、小学、中学，到大学，一直都在强化学生的读、写、算的能力，而忽视感觉经验的获得。我们的教育越来越强调抽象知识和概念的传授，而忽视了对知觉能力的培养。学生对身边事物所激发出来的鲜活感受常常被抽象的课本知识所淹没，在生活中对各种事物的感受能力远没有得到开发。

其实，类似的问题在20世纪中期同样引起美国学术界的高度重视。伊利诺依大学教授拉尔夫·史密斯认为这种情况不仅给人类造成通向真理之路的障碍，而且引起了现代人的各种“营养缺乏症”。数学家雅克·阿达玛甚至向全美著名数学家做过一个问卷调查：在自己的创造性工作中使用何种类型的思维。其调查结论是：大多数数学家的心理画面是视觉型和动觉型的。爱因斯坦的回答更具体：“在人的思维机制中，作为书面语言或口头语言似乎不起任何作用。好像足以作为思维元素的心理存在，乃是一些符号和具有或多或少明晰程度的表象，而这些表象是能够予以‘自由地’再生和组合的。对我而言，上述心理元素是视觉型的，有的是动觉的。惯用的词语或其他符号则只有在第二阶段，即当上述联想活动充分建立起来并且能够随意再生出来的时候，才有必要把它们费劲地寻找出来。”爱因斯坦的回答和调查结论恰好证明了“理性的科学家”在创造性活动中的知觉思维特征。

近年来，我们在基础教学中运用知觉思维原理进行了大量的创造教学实验，在充分调动视觉、触觉、动觉的能动性上设计了大量课题，以提高学生的综合创新能力，取得了一定的教学效果。本书是这场教学实验的真实呈现，包含三个方面的教学案例，即“两课一营”。“两课”：新生研讨课——创意思考——以提高学生多维思考、非语言思考和批判性思考能力的通识教育；另一门是以提高创新思维和设计能力为目的的工业设计专业基础课程——基础设计。“一营”是连续五年在暑假举办的“国际创新设计营”设计实践活动。邀请德国柏林艺术大学等国际一流设计院校的教授来杭州主持设计营活动，并由杭州知名企业出题，把最新设计理念和教学方法直接与企业设计需求相结合。

在此，感谢北京大学出版社给我们提供这次出版机会！感谢杭州电子科技大学参与课程教学的陈炼、潘洋和张振颖老师！感谢参与国际设计营教学的钱晓波、刘星、董洁晶、姜葳老师！特别感谢暑假期间来杭州主持国际设计营，并给我们带来最新设计教育理念和方法的外国教授，他们是：意大利米兰理工大学设计学院的佛朗西斯科·佐罗（Francesco Zurlo）教授、亚历山大·德塞迪（Alessandro Deserti）教授和阿尔伯特·萨拉（Alberto Sala）副教授；美国创意设计学院的托马斯·罗尼（Thomas Roney）教授和卡洛琳·彼得斯（Carolyn Peters）教授；德国柏林艺术大学的埃贡·卡迈提司（Egon Chemaitis）教授和卡伦·顿多夫（Karen Donndorf）讲师。

本书是在《设计思考》基础上进行的修订，合著者蒋琤琤博士曾留学于荷兰代尔夫特理工大学（TUDelft）和埃因霍温理工大学（TU/e），并在荷兰飞利浦公司从事过智能产品研发工作，现为杭州电子科技大学工业设计专业教师。她的参与给本书带来了许多新的教学与设计理念。本书第五章和第六章由蒋琤琤编写，其他章节由叶丹编写并统稿。希望本书的出版能得到国内设计教育界的批评指正。

叶　丹

2014年元旦于杭州下沙高教园区

目　录

CONTENTS

第一章　创造力

教学目的

1．提高感官知觉能力，学会用视觉和动觉思维方式进行观察、联想和构绘；
2．提高对生活的敏感度，激发对周边事物的好奇心；
3．激活右脑思考模式，善于发现各种可能性，为专业学习打下良好的基础。

教学方式

1．利用多媒体课件讲授理论；
2．在教室里做右脑思考实验；
3．学生进行观察、思考、构绘练习，教师作辅导和讲评。

教学要求

1．通过学习视觉思维理论，掌握观察构绘的方法，提高思维的灵活度；
2．加强感觉表象的存储和利用视觉意象转化的训练，以提高和丰富想象力；
3．学生要利用课外时间设计制作实验作品。

教学框架

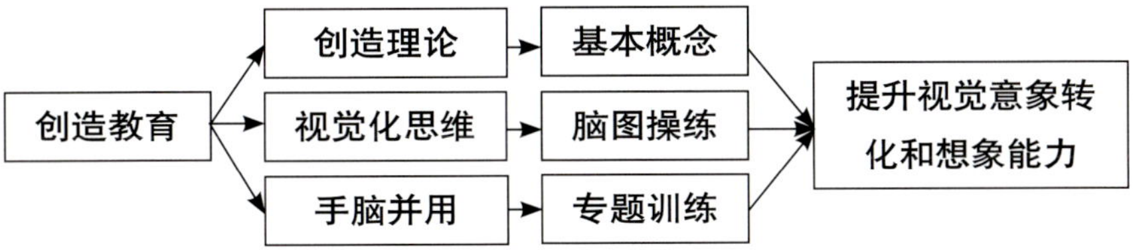

1.1 创造的能力

“创新”“创意”是当今社会的热门词汇，从某种角度上折射出人们求新求变、敢于追求梦想的时代特征。在过去，这些词汇总是与科学家、艺术家和企业家等社会精英联系在一起，如今的社会大众已经把创意和日常生活联系起来，作为对生命品质的追求。

“创意”到底是什么？《辞海》里没有这个词。顾名思义：创，是创造前所未有的事物；意，即意想、意识、意念；创意就是创造性的想法，不一样的想法。通常还以“点子”（idea）相称。我们可以把创意理解为对事物不同角度的看法，有创意的人，虽然与别人看到的是同样的事物，却能提出不一样的看法。好奇心、求知欲、批判性和思维独立性，这些要素构成了“有创意之人”的基本特征。解一个难题需要创意；策划一场晚会需要创意；送好友生日礼物也需要创意。初学者最想了解的是：面对复杂而不确定的问题，有没有具体的方法进行创意思考？这种思考能力能否通过学习而获得？本课程的目的就是通过讨论创造性思考方法，运用想象力和创意工具来提高创造能力。

本书把“思考”作为动词，也就是说当做“过程”来理解，生活中常有这样的说法：

“值得思考的是我们是如何走到今天这一步的？”——这是一种回忆；

“金融危机后的思考”——这是一种反思；

“思考一下，下一步该怎么走？”——这里的“思考”意味着一种对今后的期望和推理。

“回忆”“反思”“期望”“推理”的背后，都是在运用人类特有的想象力，是对已经发生的、还没有发生的、有可能发生的事情作出判断。这种对“还没有发生”，甚至“不一定发生”事情的思考能力取决于两个要素：知识与智慧。知识是人类对事物的认识和经验的总和，其中包含个体的经验积累，更多的是前人的认知成果。碰到问题时，可以借助知识找到解决办法。譬如首次见到满身长着锐刺、气味特别的榴莲可能会退避三舍，更不敢食用。查阅有关榴莲的相关知识后，就可以知道这种奇怪的植物居然是“水果之王”，具有很高的营养价值，经常食用可以强身健体，健脾补气，等等。这是前人总结的知识：尽管放心食用，不用担心有问题。试想一下，如果没有这些知识，一是不敢食用，二是要费时费精力去研究这种植物。从这个角度来看，不用亲自实践就可以获得的知识一方面可以帮助人们迅速对事物作出判断，另一方面可以节约认知成本。

那么，是否可以说只要掌握了知识就可以过上美好的生活？回答是否定的。其原因一是作为个人不可能掌握人类全部知识；二是这个世界是不断变化的，已有的知识不足以应付所有的问题。所以，比知识更重要的是智慧。历史上的著名例子就是哥白尼借助数学知识和测量方法，经过多年的研究测量，推翻了以“地心说”为主导的知识主流，提出了“日心说”。这说明知识不代表永远的真理，只是某一阶段的相对真理。哥白尼的学说表现出来的是智慧，获得这种创造力的途径是思考与感悟。思考与感悟的基础是知识，但不能被知识所限制，只有从不同的角度对事物进行观察和分析，才能获得自己的感悟。而每一次获得，即代表着大脑里发生了一次特别的变化。智慧由内而生，创意思考是由感悟开始的。

那么，创意思考的过程又是如何形成的？爱因斯坦有过一个精辟的论述：“准确地说，思维是什么？当接受感觉印象时出现记忆形象，这还不是思维。而且，当这样一些形象形成一个系列时，其中一个形象引起另一个形象，这也还不是思维。可是当某一形象在许多这样的系列中反复出现时，那么正是由于这种再现，它就成为这种系列的一个起支配作用的元素，因为它把那些本身没有联系的系列联系起来，这种元素便成为一种工具、一种概念。”[a]这段话道出了创意思考的几个特征，感觉印象—元素连接—产生新概念。这个过程既有知识的支持，又不囿于知识和权威的观点，取决于看问题的角度、思维灵活度和“由内而生”出的感悟。有些公司面试时会出“下水道的盖子为什么是圆的”之类的问题，这类问题其实并没有标准答案，目的是考察应聘者是否有灵活的思维空间，也就是创意思考能力。比如圆的好在地上滚动；圆的不容易掉下来砸到人的头；或者圆形是最小的面积，比较省钱等等都是好的答案。

日常生活中，诸如“窗户是方的”“屋顶是尖的”等等作为常识储存在头脑里，我们很少会去问为什么，因为这些条理化的知识让人觉得世界是清楚而熟悉的。也正是这些标签让我们变得越来越僵化。只有去掉标签，才能让很多原来看上去不能连接的事物连接起来，这种连接并不是脑筋急转弯式的自由联想，因为自由联想并没有看到事物的本来面目。创意思考就是要超越界限，重新定义事物与事物之间的关系。

下面的思考题是本课程的选修测试题，这些内容在教科书上找不到，但与生活密切相关。思考题没有标准答案，考察的是同学们对周围事物的感悟程度。

课程思考题

一、过两天就是国庆长假。在所谓黄金周的问题上有“赞同派”和“反对派”之说。赞同的理由是：七天长假人们有较多的时间外出旅游，能起到拉动内需、促进消费、经济良性循环的作用；反对的原因：集中在那么短的时间内，那么多的人大规模出游，造成交通、住宿、治安等方面的困难，黄金周成了事故多发周，短期消费旺盛却造成了一段时间的滞涨，拉动效应有限。对“黄金周”，你怎么看？

我赞成黄金周。黄金周给人们提供了一次休息放松的机会。当前社会生活节奏在不断加快，人们的生活压力也随之增加。黄金周期间的心情放松能有效地缓解压力，提升幸福感，促进了社会和谐。同时拉动了内需，带动经济发展。至于造成交通、住宿治安方面的困难，我认为这是当下各种制度、设施建设不够完善，只要合理安排，一定会更好。

——邵安（13081423理工类实验班）

我对黄金周持反对态度。国庆假期时间较长，大部分人会选择外出旅行，势必造成交通、住宿、治安方面的问题。曾有人劝我，国庆节可以在学校周边转转，但千万不要去西湖，到那里只看到人群而看不到湖。再则黄金周期间，不少商家借此抬高商品价格；火车票、飞机票价格居高不下；治安问题频发；游客剧增，给当地居民生活也带来众多不便等等。

——柳如墨（13074121理工类实验班）

二、在德国，带锁的门大部分都是L形下压式开锁的门把手，而看不到球形旋转式开锁的门把手。你能说出其中的原因吗？

球形门把手开门，需要用手去握住旋转才能打开，而使用L形把手，用手以及其他部位下压就可以完成开门的动作，即使携带很多东西也能方便、省力、快捷地打开门。

——陈熠（13184208经管类实验班）

---

a [美]阿尔伯特·爱因斯坦.爱因斯坦文集（第1卷）[M].北京：商务印书馆，1976：8.

L形下压门把手可以解放双手，对于手提东西、腾不出手的人来说，可以借助身体其他部位下压开门。特别是为残疾人提供了很大的方便，体现了以人为本的设计思想，照顾了社会弱势群体，考虑到人的切实需求。

——綦航（13081235理工类实验班）

三、据报道：有上千万中国青少年沉迷网络游戏而不能自拔。网游成瘾已成“社会病”。有一种说法“做一件事，只有几个受害者是犯罪；而有成千上万受害者，就是经济。网络游戏已经是网络经济了，如果反对，是不是破坏经济建设呢？”谈谈你的观点。

我反对“有成千上万受害者就是经济”的说法。如果有成千上万的人贩毒、吸毒，难道也要冠之于“经济”之名？那也只能是“罪恶经济”。国家应实施网游实名制，严格控制游戏者的年龄及游戏时间，让网游者避免成瘾，有更多时间学习，这才是健康的网络经济。

——崔新东（12063305电器工程与自动化）

四、有句老话：“上有天堂，下有苏杭”。请用一句话来描述我们现在居住的这座城市。

浅白的天空透不出耀眼的光芒。

——何祎达（12072101应用物理学）

被滔天呼声笼罩下的普通城市。

——林俊江（13073123理工类实验班）

一座来了就不想走的城市。

——侯茂强（13055613计算机科学与技术）

五、我们每天都会从媒体上被动地接受广告传播，你最喜欢和最讨厌的广告分别是哪个？为什么？

最喜欢的广告是央视的公益广告，每一则广告都很温暖。号召关爱孤寡老人、山区留守儿童，节约资源，爱护动物等，应该说公益广告是社会文明的一大进步。最讨厌的广告是某些推销广告，比如便宜手机、黄金饰品、化妆品等。一边推销一边还假装有用户打电话询问，太假了。只能说这是一些垃圾广告，污染视听环境。

——夏天（13041228理工类实验班）

六、初来乍到，杭州电子科技大学给你印象最深的是什么？

杭州电子科技大学给我的印象最深的不是ACM的奖杯，也不是多少个竞赛冠军，而是这些成就背后锐意创新的精神。

——李欣悦（13055603计算机科学与技术）

霸气的校门和18层的“公主楼”。

——陈思思（13153301经管类实验班）

1.2 视觉化思考

爱因斯坦等许多科学家提到创造性思考的“视觉型”特征，同学们在进行思考时，也需要调动头脑里的“画面感”来理解题意，这些现象可以用20世纪产生的脑科学新理论来解释。美国心理生物学家斯佩里（Roger Sperry）博士通过割裂脑实验证实了人脑的不对称性，提出了“左右脑分工理论”，为此获得1981年的“诺贝尔医学奖”。该理论认为，人脑的两个半球之间由胼胝体连接沟通，构成一个完整的统一体。左脑感受并控制人右边的身体，右脑感受并控制人左边的身体。左右脑在机能上有分工，左脑主要负责语言、逻辑、秩序、判断和推理，其思维方式以抽象思维和逻辑思维为主，被称为知性脑。右脑主要负责想象、情感、空间、色彩和节奏，其思维方式以形象思维和直觉思维为主，被称为艺术脑，如图1-1所示。日本学者品川嘉也在《儿童右脑智力开发》一书中指出：“如果将人的左右脑分别比作两个不同的人，那么左脑就是一个循规蹈矩、缺乏情趣之类型的人；而右脑则是一个洋溢着创作欲望、充满活力的人。”

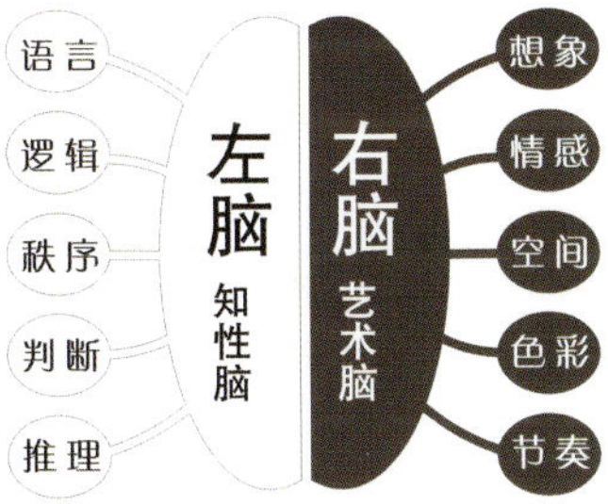

图1-1　左右脑理论示意图

由此看来，我们现有的教育制度过度重视培养学生的语言与逻辑思维能力，而忽视了右脑的发展。从幼儿园、小学、中学，到大学教育，我们一直都在强化读、写、算的能力，而忽视感觉经验的获得。除极少数人能在艺术上有所发展外，大多数人都在不断地强化逻辑思维和语言表达能力。这是现代教育体系的严重缺陷，正是这种过分强调读、写、算的教育，使学生在语言逻辑的思维能力方面不断得到加强，相应的知觉思维能力日益受到削弱和衰退。读、写、算教育的特点是：学生不能直接去感受那种鲜活的视觉意象，所能利用的只是一些间接获得的、条理化的、已经规范化的知识。在这种方式引导下的现代教育，难以发挥学生的能动性来进行自由选择，也难以摆脱现成规范或已有程式，而由学生去直接地感受或体验事物的本来面目。

我们来做个实验——“看到了什么？”(图1-2)，观看两幅完全出自偶然，主观上没有任何含义的“墨迹图”。对图观看一分钟后，写出“看到的画面”。下面是同学“看到的”部分答案，如图1-3和图1-4所示。

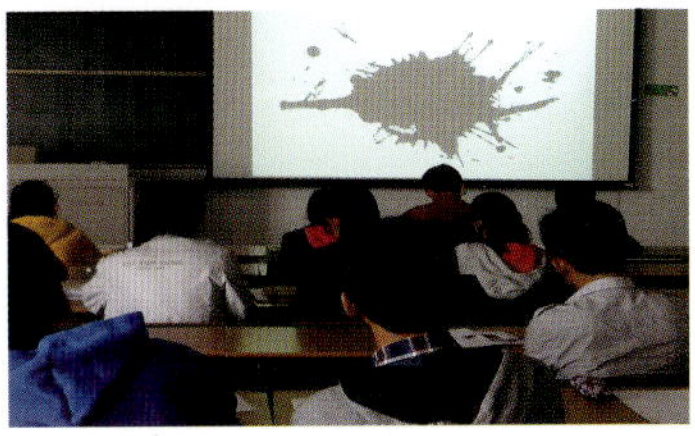
图1-2　看到了什么?

图1-3　墨迹图一

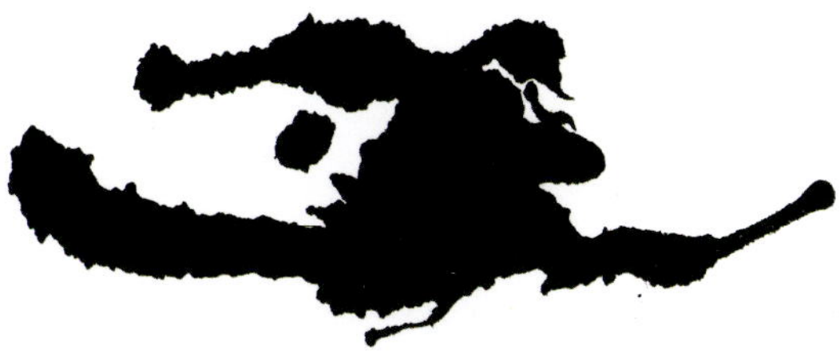
图1-4　墨迹图二

从图1-3中看到的文字描述：生气发怒的金枪鱼；一个得志的小人在偷笑；融化的冰块；觅食的狐狸；膨胀的河豚；灯笼鱼；受惊的刺猬；凶猛的鲨鱼；千与千寻中的河神。

从图1-4中看到的文字描述：鳄鱼在捕食；蝎子；热舞的少女；坐在扫把上飞舞的巫师；夸父逐日；海绵宝宝里的蟹老板；跨栏运动员；拿着麦克风唱歌的舞者；张飞骑马挥刀杀敌。

同样一个图形，不同的人看到的东西各不相同，甚至同一个人在不同时间看到的东西也会改变。虽然面对同一个对象物，除了目的性、个性差异、经验和人生经历外，与个人的思维习惯、角度有直接关系。观看并非只是眼睛的功能，思维同时也在进行运转，任何观看都是与思维相伴的。由于这些任意的图形本身没有任何主观上的意义，左脑的理性分析功能在这个过程中不起作用，只有右脑的“想象功能”才能“看”出其中的含义。

第二个实验——“感觉可视化”（图1-5）。根据文字提示，用笔画出内心的感觉。特别注意要用单纯的线条来描绘心中的感受，不要用任何象征意义的图形符号来传达表情。线条的语言包括：快速的、缓慢的、轻的、重的、平滑的、粗糙的虚线或实线等。这个实验不是绘画比赛，放弃任何“对错”“好坏”的观念。只要是遵从内心的感受而画的线条都是“正确”的（时间：20分钟）。

文字提示：愤怒、平和、喜悦、沮丧、温柔、暴力、飞翔、坎坷。

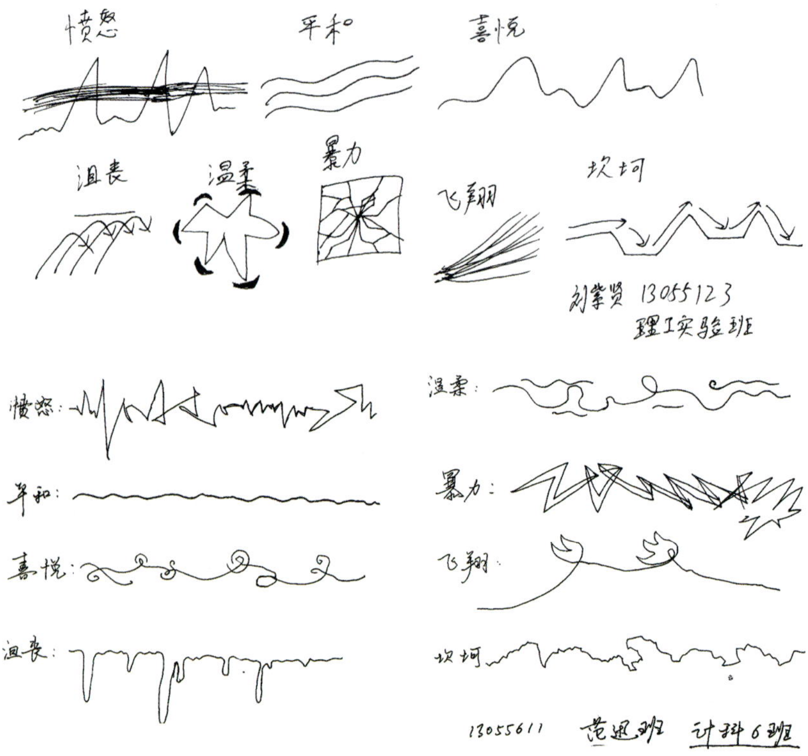

图1-5　感觉可视化的实验教学

图1-6　感觉可视化的图形呈现

实验虽然有文字提示，但是启用了“右脑模式”的想象功能。由于同学们的个人性格不同，每一个标签下呈现的线条没有哪两幅是完全相同的，但存在形式上的相似性。比如对“愤怒”“平和”的表达，都有“尖锐折线”和“平稳弧线”的特征，如图1-6所示。这些形式上的相似性证明了视觉语言确实存在于每个人的大脑中，在表达上有相似的直觉，这种直觉为概念理解和相互交流提供了基础。为了证实这一点，我们找出中央美术学院吕胜中教授画的体现母子温情的钢笔画印刷品进行了对照，发现同学们画的“温柔”线条与教授作品具有异曲同工之妙（图1-7、图1-8）。

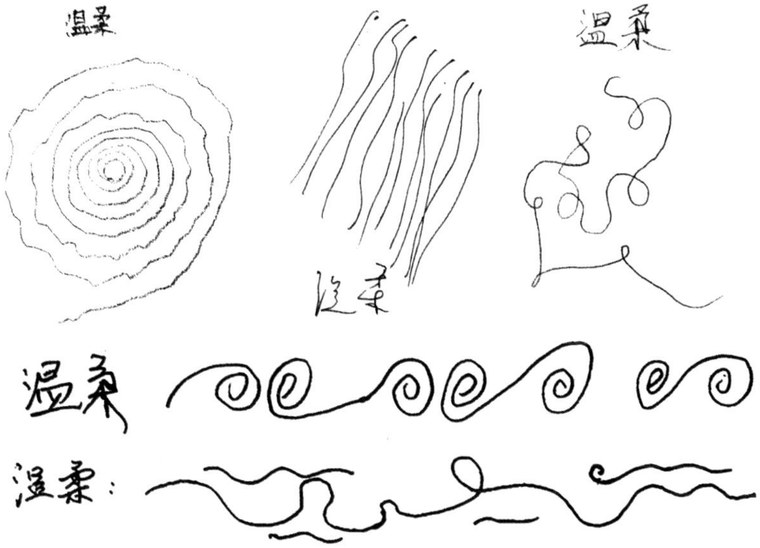

图1–7 “温柔”的线条

图1–8 母与子（钢笔画，1990年）/作者：吕胜中

这个实验说明了解读视觉语言的能力，是人人都有的普遍能力，而且常常被低估了。特别是在以读写、计算、科技为荣，强化左脑功能的教育环境下，视觉语言给人以不精确、不可靠的印象。其实，视觉语言的直观感性的特点能够快速传达。有人从达·芬奇手记中大量

的草图、图标、符号受到启发，认为这是捕捉闪现在大脑中思维灵感的有效工具，如图1-9所示。通过反复实践和推广，发明了一种放射性思考的图解方法——思维导图。这个人就是英国心理学家、教育家东尼·伯赞（Tony Buzan）。他认为放射性思考是人类大脑的自然思考方式，每一种进入大脑的资料，不论是感觉、记忆或是想法——包括文字、数字、符号、线条、色彩、意象等，都可以成为一个思考中心，并由中心向外发散出成多条分支，每一个分支代表与中心议题的一个连接，而每一个连接又可以成为另一个议题，再向外发散出更多分支，这些分支连接实际上记录了思维发散的过程，形成一幅“思维地图”。思维导图源自脑神经生理的学习互动模式，借助放射性思考和联想，将一个议题的众多方面彼此间产生关联和延伸，引发新的联系。其要点是：

（1）将中心议题置于中央位置，整个思维导图将围绕这个中心议题展开。

（2）围绕一个中心议题内容进行思考，画出各个分支，及时记录即时的想法。

（3）周围留有适当的空间，以便随时增加内容。

（4）整理各个分支内容，寻找它们之间的关系。

（5）善于用连线、颜色、图形、箭头等表达想法和思维的走向。

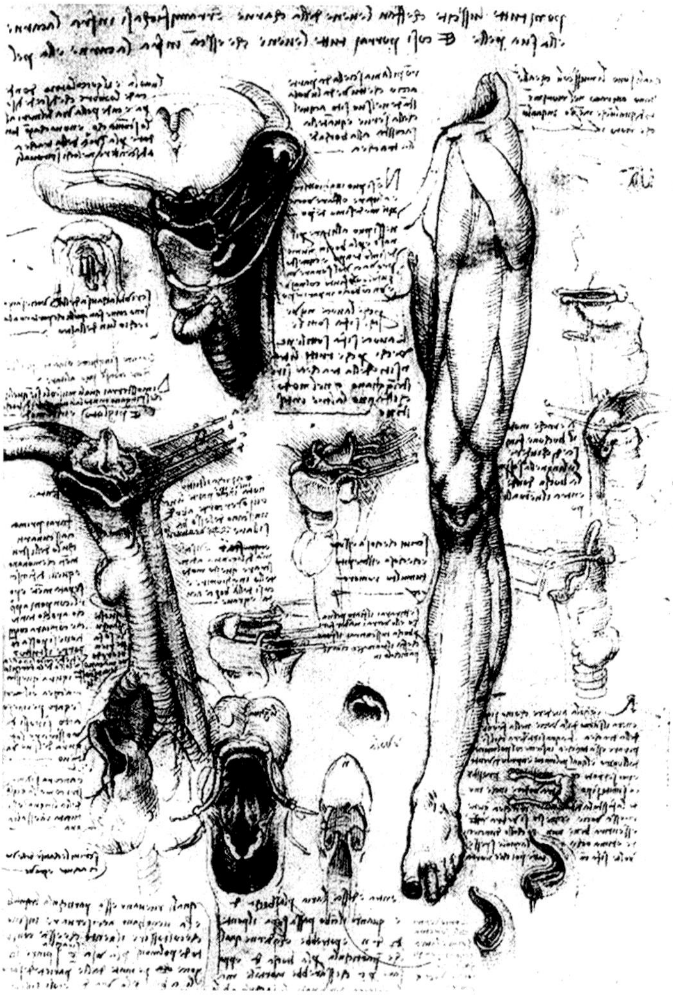

图1-9　达·芬奇手记中的视觉化思考

如图1-10至图1-12所示的思维导图练习都是在教室里半小时内完成的作业。图1-10的思维导图议题是“应聘前的准备”。如果明天要去招聘公司面试，今天要做哪些准备？最好的办法就是随手在一张纸上进行思维发散，针对如何介绍自己，包括特长、技能、教育背景、家庭成员和不足等方面作思维导图，描绘一个“真实的自己”。由于在自己的脑子里模拟了应聘面试所要回答的问题，第二天就能从容面对。图1-12的议题是“面对灾难”，这种思维练习实际上是做了“未雨绸缪”“从容面对”的心理准备。

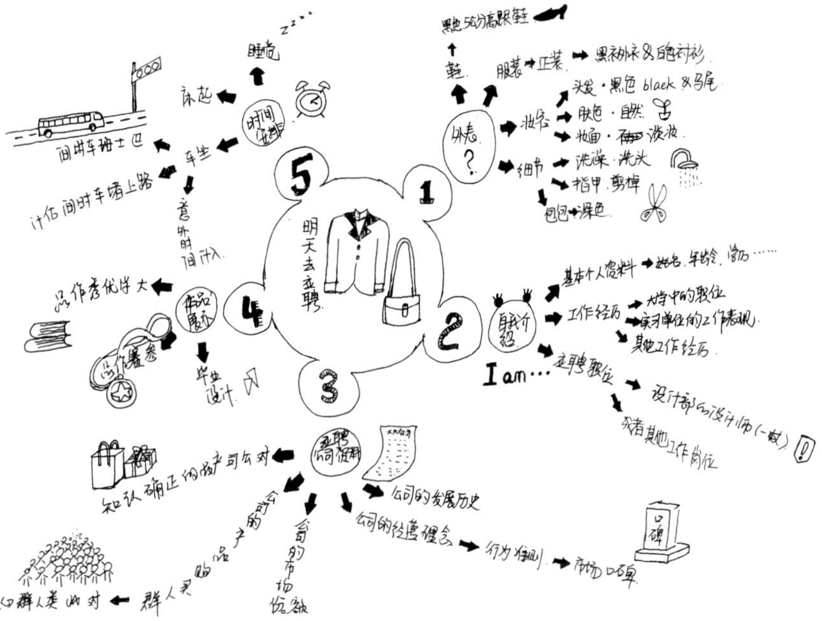

图1–10　明天去应聘/作者：潘美晨

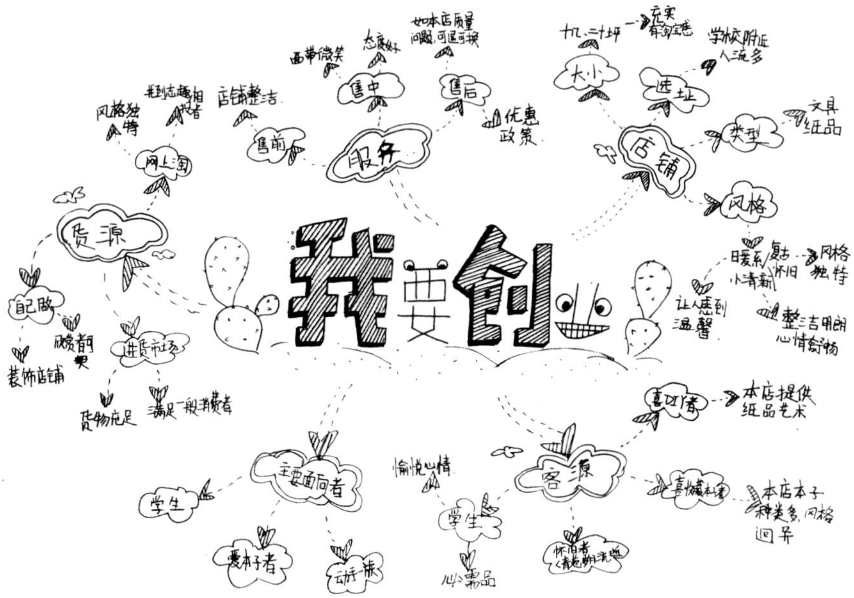

图1–11　我要创业/作者：占文君

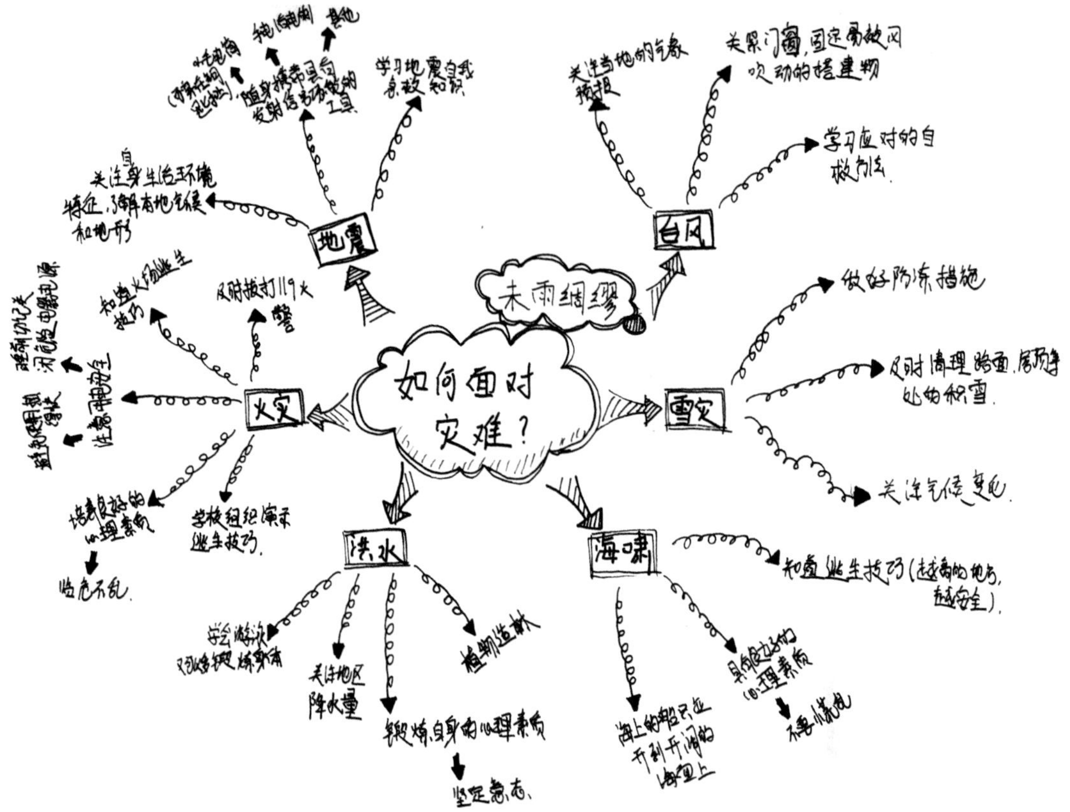

图1–12　当灾难发生时/作者：徐俊晔

视觉化思考作为一种创意工具，把观察到的、想到的用视觉化的方式表达出来，可以刺激右脑，进入创意模式，让尚未清晰的想法用视觉化方式呈现，形成一种自我启发、相互作用的过程。视觉化思考是一种右脑模式，其主要特征表现在思考过程的发散性、情感性和综合性。

1.3　手脑并用

图1–13　奥古斯特・费迪南德・麦比乌斯（1790—1868）

视觉化思考要求大脑的认知模式从逻辑、秩序和推理的左脑模式转换到想象、空间和情感的右脑模式。这种由感觉为主导的思考模式对创意有十分重要的意义。感觉包括视觉、听觉、触觉、嗅觉、动觉等等，人是通过感觉获得外部的信息，经过大脑加工后才形成对事物的整体认知。不管是科学发现，还是艺术创作，创意活动都是在多种感觉作用下产生的成果，而不是单一的认知活动。

我们继续做第三个实验——麦比乌斯曲圈。这个实验不仅要借助视觉，还要有触觉、动觉的参与。麦比乌斯圈在数学中属拓扑型问题，是由德国数学家、莱比锡大学教授奥古斯特・费迪南德・麦比乌斯（August Ferdinand Möbius）（图1-13）发现。这种圈是由一条长纸带将其扭曲，然后将两端粘在一起而形成麦比乌斯圈（图1-14）。荷兰画家埃舍尔所作的蚀刻画，形象地诠释了麦比乌斯圈的奥秘：几个蚂蚁在这个网架上永远走不到尽头（图1-15）。麦比乌斯的课题以纸为材料，凭借知觉判断力来设计制作与众不同的麦比乌斯圈。

实验要求在一张尺寸为210mm × 210mm的正方形纸上任意剪一刀，做一个仅有一个面和一条边的麦比乌斯圈。要求探讨剪开的线型（直线或曲线）对整体构造的影响。要做10个草稿，并选择其中一个能充分体现纸材特性、曲面舒展、翻转自然的造型，并对其“任意一刀”的线型进行适当修正后完成正稿，如图1-16、图1-17所示。

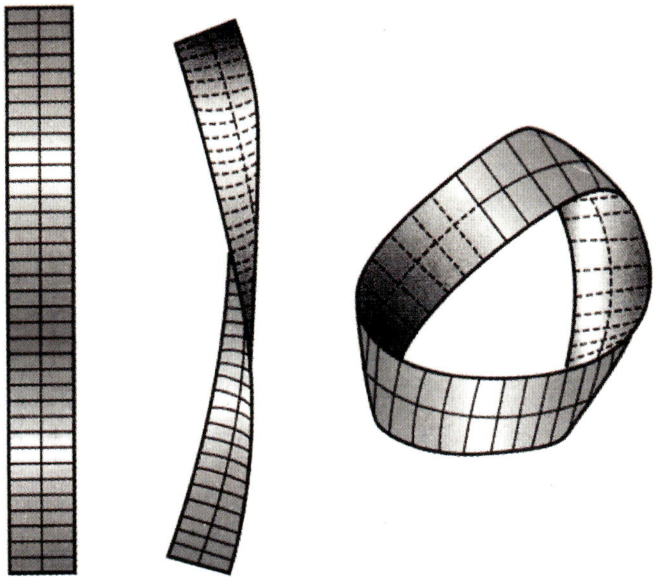

图1–14　麦比乌斯圈

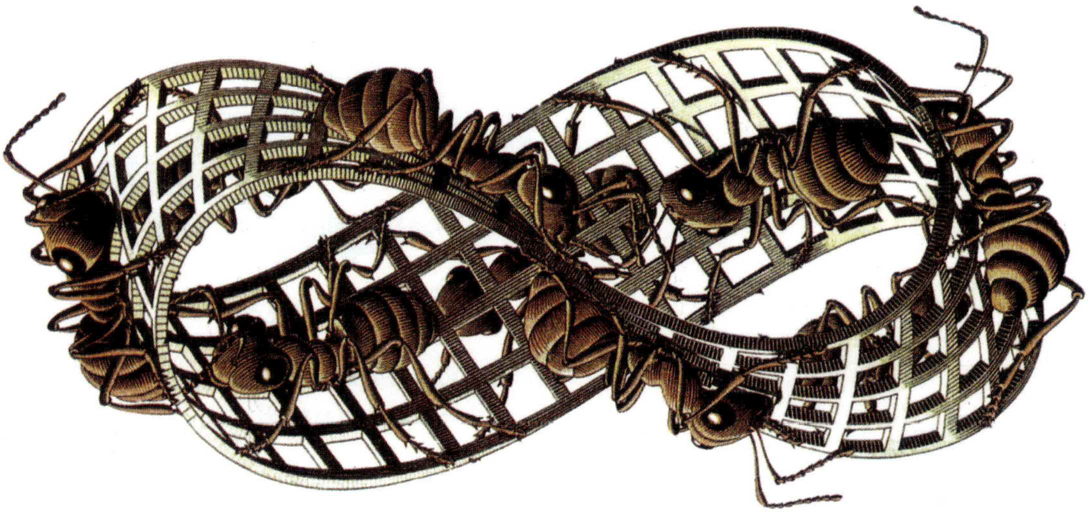

图1–15　红蚂蚁（蚀刻画，1968年）/作者：埃舍尔

图1-16　教学现场

创意思考　　杭州电子科技大学新生研讨课

吴立立　12184201 计算机科学与技术类

教学实验名称：右脑思考

要求与程序：麦比乌斯曲面在数学中属拓扑学，本实验不是借助计算能力，而是调动右脑的直觉判断能力。先在一张正方形的卡纸上任意剪一刀，然后作一个仅有一个面和一条边的曲面造型。先试做10个草稿，尝试剪开的各种线型（直线或曲线）对整体曲面的影响。对10个草稿进行逐个评估，选择其中1-2个能充分体现纸材特性，曲面舒展、翻转自然的造型，并对其反复修正，用规定的卡纸制作正稿。

材料：A4卡纸、8吋纸盘、白乳胶

尺寸：卡纸尺寸210×210

麦比乌斯圈

作品名称：飞翔

平面展开图

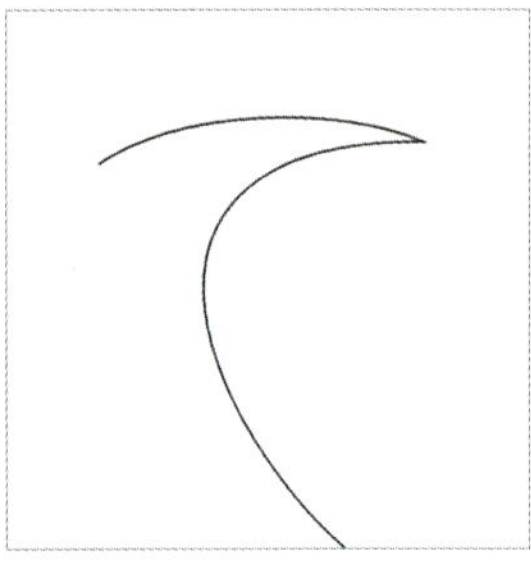

任课教师：叶　丹
蒋琤琤
潘　洋

图1-17　右脑思考作业

在一张平面的纸上剪一刀后构造一个复杂的曲面立体，如果不是动手实践的话，凭空想象可能难以成型，“任意”剪一刀无法估计成型的效果。看似简单的一个“折纸作业”，左脑的推理、计算、组织功能会用不上，只能依靠右脑模式一边探讨，一边感悟，寻找构建麦比乌斯圈的可能性。这个过程不是在对与错之间作判断，先要尝试产生众多可能的曲面构造，选择这个还是那个全凭过程中的判断。良好的构造不是按照逻辑分析——线性语言的法则建立起来的，而是按感觉启发而成的（图1-18）。如果说做了一二十个草稿的过程需要右脑模式主导，那么判断、选择、验证就要用左脑模式主导。这个过程既是使左右脑模式交替进行，也是手脑并用的过程。

现代脑科学研究证明：人脑所有区域都与感知有关，包括负责加工的额叶、负责视觉信息输入和视觉成像的枕叶、负责感官分类的顶叶、负责运动的小脑以及负责情绪反应的中脑。“背侧视觉系统（传统上认为其负责定向，但现在已经认识到该系统表征对目标的编码）、腹侧视觉传统（与物体的操作和转换有关）和颞叶（对加工的语言进行储存和提取）都只是整个复杂的相互作用系统中的一部分。呼吸、肌肉控制、心情、心率和无数的决定使得我们能够进行学习。身体为思维学习制定内容。思维不再是单纯的思维，而身体也不再是孤立的身体。”[a]

图1-18　麦比乌斯圈/设计：徐吉人、褚秀敏、赵彤丹、寿康、缪冰心、钱磊雄

在学习中强调“动手”，其实是锻炼右脑对事物的感悟能力。学习不仅仅是记住知识，而是要学会观察，学会思考，学会感悟。只有通过感悟获得的知识才能转变成智慧，有智慧的人一定是左右脑协调发展的。只有对事物有比较好的感悟力，才能促进知识的创新。如图1-19所示的是知识与智慧的关系示意图，也是本书力求体现的理念之所在。

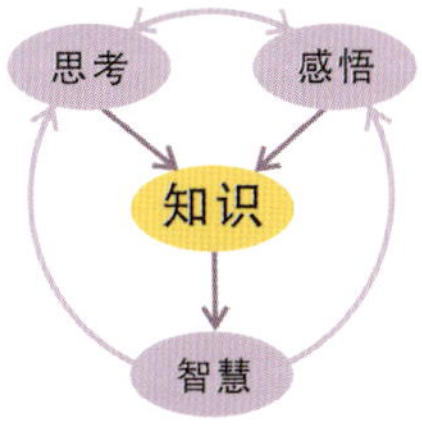

图1-19　知识与智慧的关系示意图

a　[美]Eric Jensen.艺术教育与脑的开发[M].脑科学与教育应用研究中心，译.北京：中国轻工业出版社，2005：7.

课程实训题 1：孔明锁

孔明锁是中国民间的一种益智玩具，相传是三国时期诸葛孔明根据八卦原理发明的，因而得名。其实，这种形式源于我国传统建筑中的“斗拱”（图1-20）。在家具制作上发展出更为精致的榫卯结构，即实木家具构件之间的接合方式。凸出部分叫榫（或榫头）；凹进部分叫卯（或榫眼、榫槽）。本课题要求用瓦楞纸为材料，设计创新结构——三向度的连接。连接处不得使用黏接剂，单体之间能自由拆卸，组合成一个结构稳定的整体。创意设计要点是三向度的连接，“个体”与“整体”可以自由拆卸与组装。在构思过程中要注意的是，材料、结构、形态是一个“系统”的概念：瓦楞纸的材料决定连接的方式，连接的方式决定结构，结构决定最后的形态，而形态是由材料的特性决定的。这几个元素是互为因果，设计过程就是在这几个元素里寻找可能性（图1-21、图1-22）。

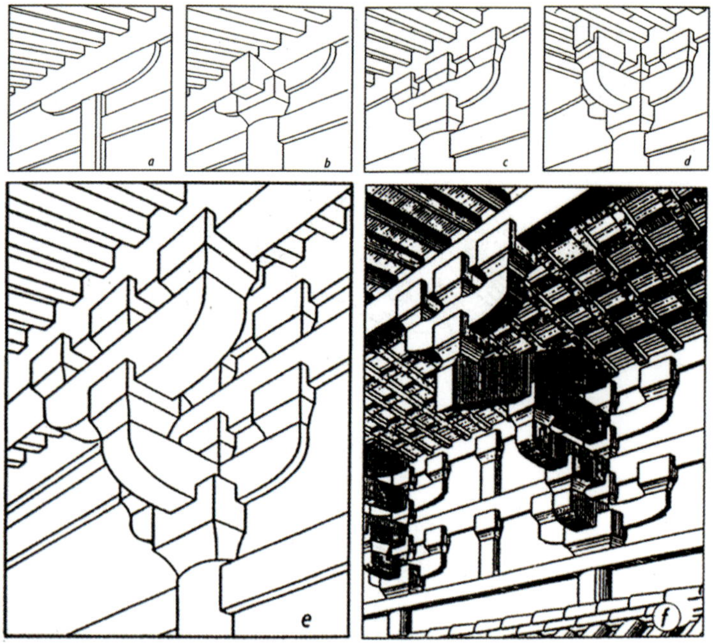

图1-20　中国古建筑中的斗拱结构

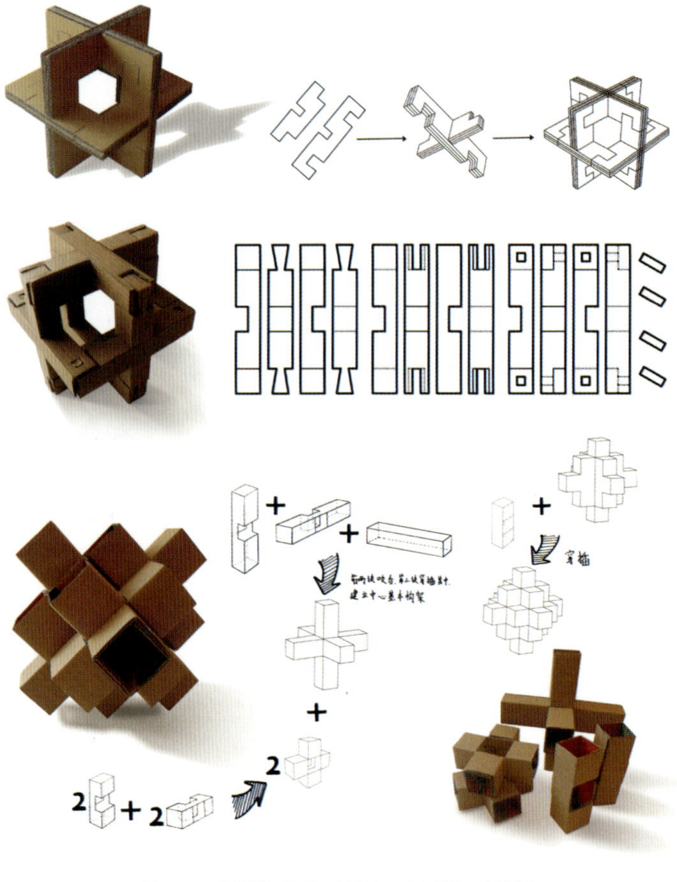

图1-21　孔明锁/设计：刘定轩、吴才德、张玲娇

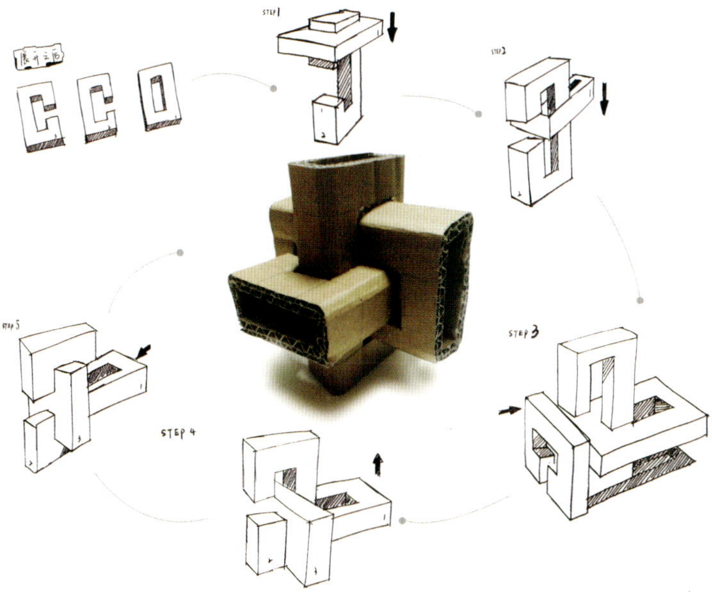

图1−22　榫卯解构/设计：王芳

课程实训题2：人体支撑物

纸张是我们从小就熟悉的材料，多数情况下都是利用纸的平面性在上面写字或画画，很少做其他的用途。撕开一张纸，几乎不费什么力气，如果把纸折叠起来，再要撕开就不那么容易。瓦楞纸就是利用纸的这种特性来加强抗压、抗弯强度的，它在商品运输包装上代替木材，节约了许多森林资源。瓦楞纸广泛应用在商品的运输包装上，但当它完成了包装功能之后随即就成了废弃物。本课题以废弃的瓦楞纸箱为材料，设计一个足够支撑起设计者本人重量的构成体。要充分认识这种材料的构性后尝试结构上可能承受压力的设计，研究其构成方式和连接方式。课题要求不要使用铁钉以及黏接剂，能自由拆卸，方便安装（图1-23、图1-24）。

图1−23　人体支撑物/设计：姚佳

图1−24　人体支撑物/设计：章红美

课程实训题 3：共享与私密

本课题要求研究一下我们本身的生活空间——大学生宿舍。在四个人共同生活的空间中是否存在诸如“共享与私密”的问题。在充分研究的基础上，尝试对现有的空间进行分割、整合、功能划分，以及对生活物品的收纳展示的设计。以瓦楞纸作为构建材料，在折叠性、低成本、方便操作、可行性等方面进行探索，并制作一比一的模型，通过版面设计把设计意图、结构特点作简要的说明（图1-25和图1-26）。

图1-25　X空间/设计：吴茹窈、唐丽、叶盟

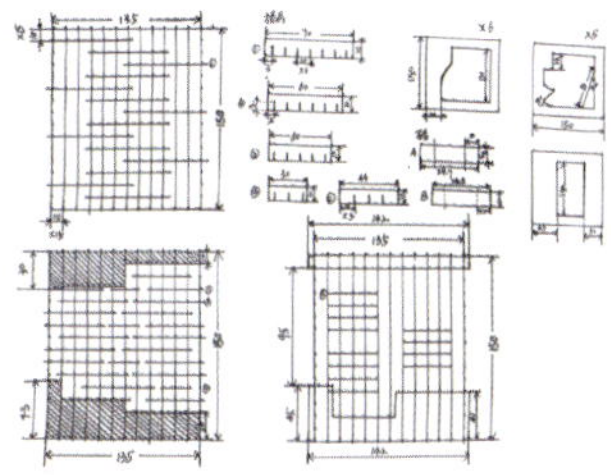

情趣小舍

基于最小学习空间的研究

图1–26　情趣小舍/设计：范则敢、何城坤、柯斌、杨小波、张凯

思考与延伸阅读

思考题1：思维导图。

要求：根据下列题意作思维导图，任选一题，手绘。

（1）我的大学——确定目标。

（2）明天去应聘——今天作何准备。

（3）自我推荐——应聘时如何介绍自己。

（4）我要创业——需具备哪些条件？

（5）当灾难发生时——未雨绸缪。

思考题2：图解思考。

要求：根据下列题意作图解思考，任选一题，手绘。

（1）鸟类是如何起飞的？

（2）鸟的嘴型与食物的关系。

（3）动物爪子与食物的关系。

（4）动物是如何进食的？

（5）动物是如何睡觉的？

（6）动物的捕食动作。

思考题3：右脑思考——感觉可视化。

要求：根据文字提示，愤怒、平和、喜悦、沮丧、温柔、暴力、飞翔、坎坷，用单纯的线条来描绘心中的感受，不要用任何象征意义的图形符号来传达表情。线条的语言包括：快速的、缓慢的、轻的、重的、平滑的、粗糙的虚线或实线等（时间：20分钟）。

思考题4：右脑思考——麦比乌斯圈。

要求：麦比乌斯曲面在数学中属拓扑学，本题不是借助计算能力，而是调动右脑的直觉判断能力。先在一张正方形（210mm×210mm）的卡纸上任意剪一刀，然后制作一个仅有一个面和一条边的曲面造型。先试做10个草稿，尝试剪开的各种线型（直线或曲线）对整体曲面的影响。对10个草稿进行逐一评估，选择其中1～2个能充分体现纸材特性、曲面舒展、翻转自然的造型，并对其反复修正，用规定的卡纸制作正稿。

思考题5：观察与描绘。

要求：以小组为单位，随机分发多种新鲜蔬菜；要求仔细观察蔬菜实物，并从形态、构造、色彩、神态等方面进行想象；作观察笔记。

延伸阅读

（1）[美]文森特・拉吉罗. 思考的艺术[M]. 北京：世界图书出版公司，2010.

（2）[英]东尼・博赞. 思维导图[M]. 北京：外语教学与研究出版社，2005.

（3）叶丹. 用眼睛思考[M]. 北京：中国建筑工业出版社，2011.

第二章　突破常规

教学目的

1．摆脱惯性思维模式，面对问题能提供多种解决方案；

2．提高对生活细节的敏感度，能从周边的事物激发好奇心；

3．在提高观察思考能力的基础上，提升视觉表达能力。

教学方式

1．利用多媒体课件讲授理论；

2．在课堂上完成逆向、水平思维等练习以及小组头脑风暴练习，学生互评和教师讲评相结合。

教学要求

1．掌握多维思考工具，能“跳出框框”看待问题和解决问题；

2．通过课堂训练，提高思维的流畅性、变通性和独特性。

教学框架

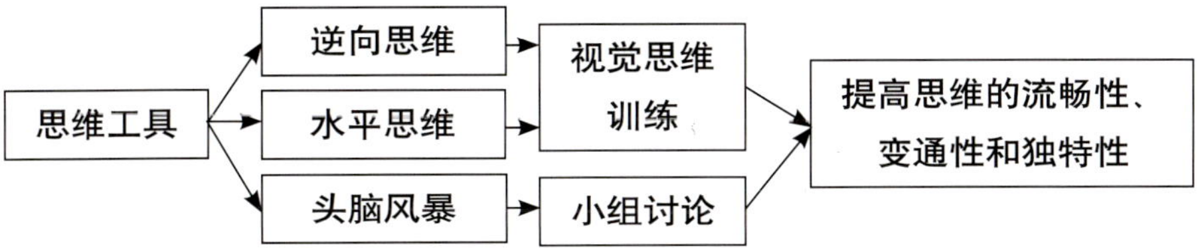

2.1 换个方式思考

“战争的对立面是什么？”

我们会不假思索地回答：“和平”。

作为一个词汇，“和平”是一个抽象名词，或者说是一种概念。含义十分明确：没有战争。其实没有战争的状态和内容是很多很丰富的，只是“和平”的文字表述限制了我们的思维进行更广泛的联想。

换一种“思考”方式，尝试启动视觉思维：战争的具体场景可以描述为是一群人进入敌对阵营进行破坏性活动：杀戮和伤害那里的人，掠夺和破坏那里的财产，等等。那么战争的对立面可以描述为：一群人到友好的地区去进行建设性活动：帮助那里的人建筑公路铁路、修建房子和水利灌溉；大批技术、医务人员到受灾地区进行灾后重建、救死扶伤的活动；艺术家、演艺人员、运动员到友好国家进行文化传播、友好竞赛活动，等等。战争的对立面可以演绎出很多场面，而“和平”很容易被理解成一种抽象的状态。其实，人们正常的工作学习、恋爱生活、旅游度假等状态都是“和平”的状态——也就是战争的对立面。

我们会发现，同样一个问题，如果用抽象概念思考可能只有一两个答案；而通过图形图像的具象思考，不同的人会有各不相同的答案。比如在日常生活中遇到不如意的事，“痛苦”“郁闷”“麻烦”之类的不良情绪会弥漫在周围。这时，我们可以运用这种思维工具，借助想象力将这些负面情绪的对立面图解出来（图2-1至图2-4）。从这些练习中可以看出，面对这些概念时，每个人所指向的内容是具体的，也是各不相同的。面对生活中的具体问题，有些是可以用文字来表达，有些就很难用确切的文字来描述。

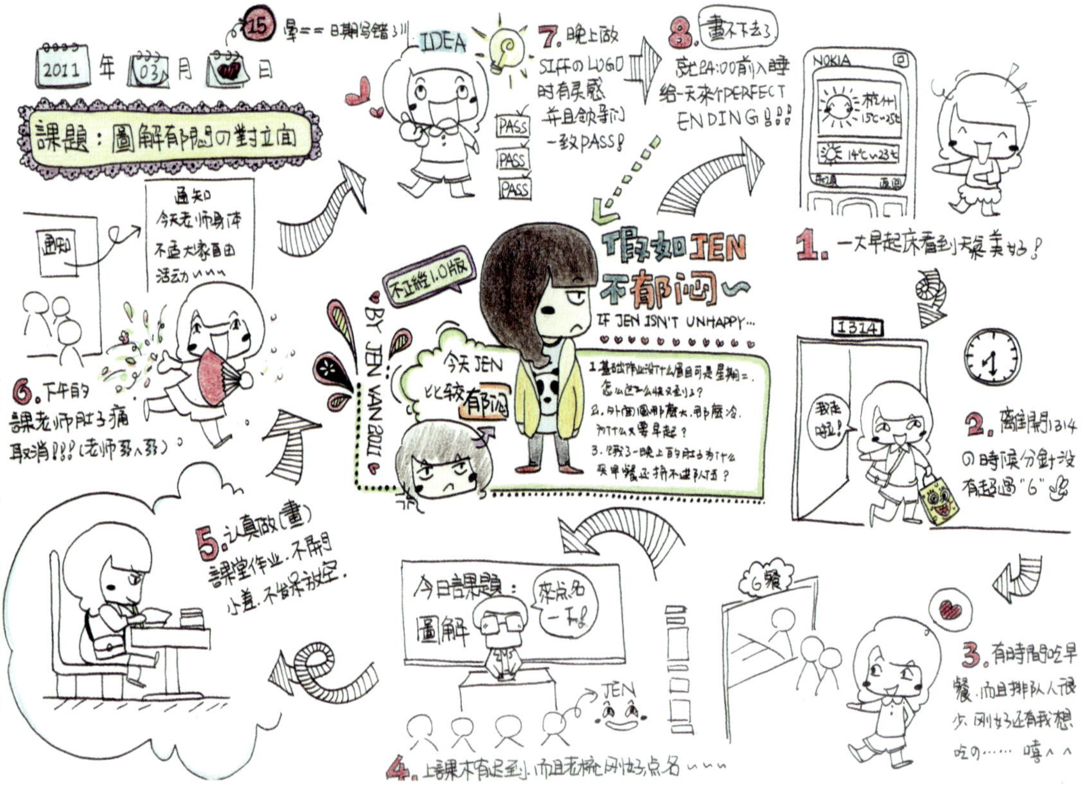

图2-1　郁闷的对立面/作者：王文娟

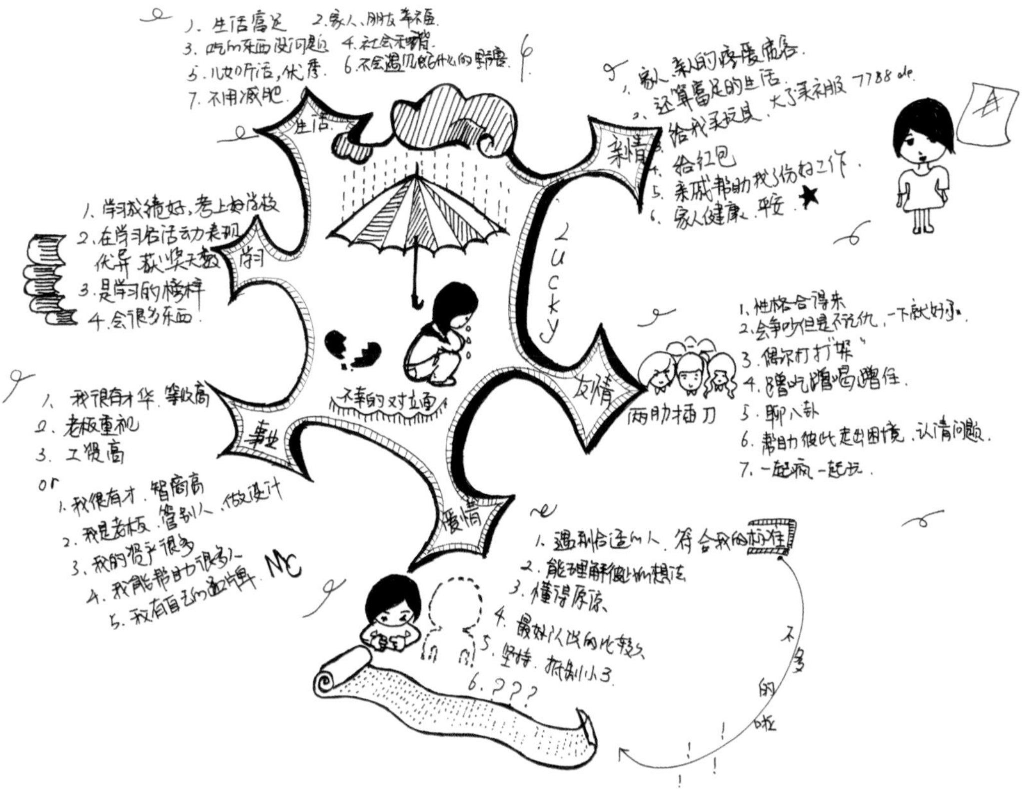

图2-2 不幸的对立面/作者：潘美晨

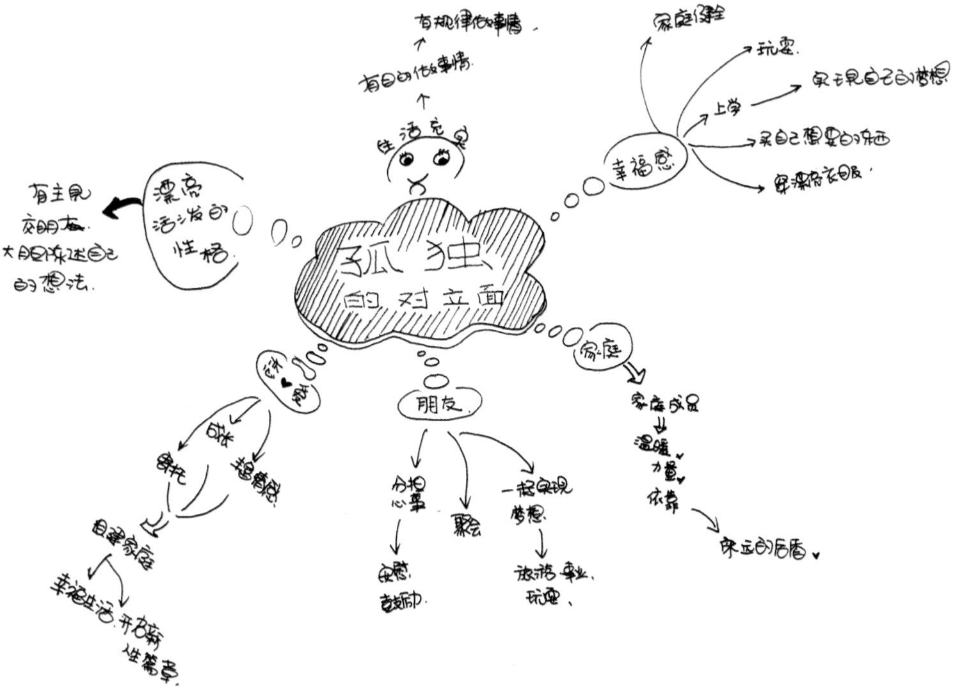

图2-3 孤独的对立面/作者：杜佳菲

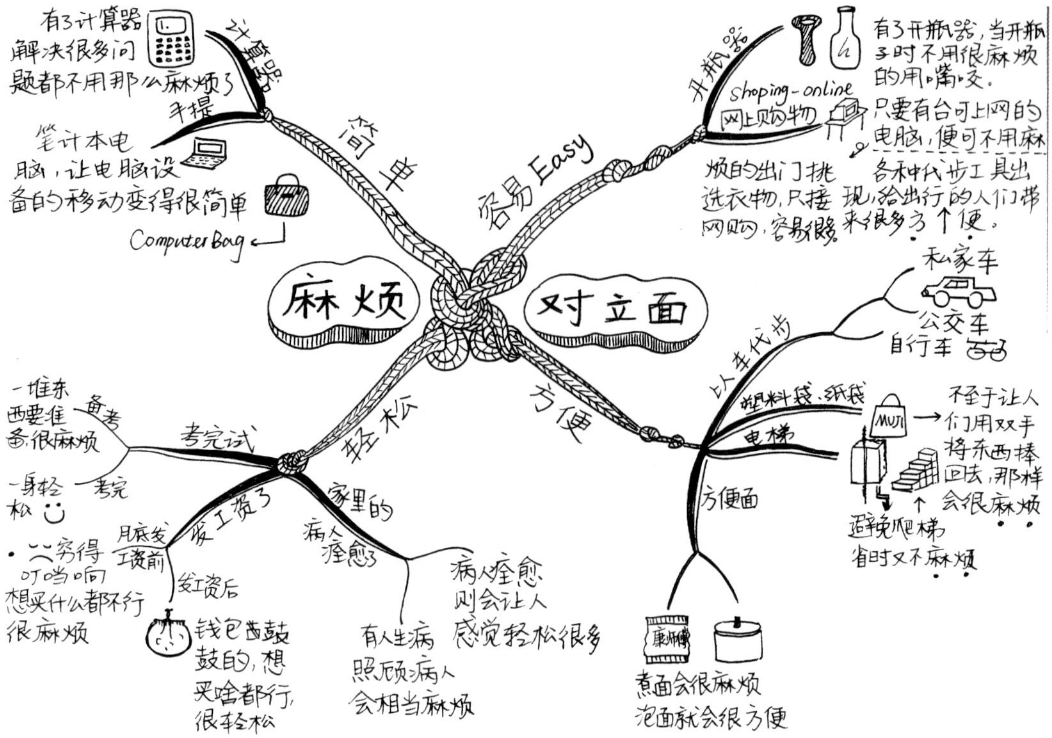

图2–4 麻烦的对立面/作者：沈也

这种从事物的反面思考问题的方式被称之为“逆向思考”。作为一种思维工具，是指从思考对象的反面寻找解决问题的方法。最早提出这种创新思考法的哈佛大学艾伯特·罗森教授把它描述为“站在对立面进行思考。”

有一个经典的教学案例：“保护地球是每个人的职责！”作为一句环保口号，起到正面教育和警示作用。如果换一种方式提问：“有哪些行为可以毁灭地球？”，听上去很雷人的问题却可以引发成百上千种答案，这些答案可以具体落实到某种行为，不同的人会根据各自的立场和角度来做出不同回答。下面的“答案”就是同学们在教室里10分钟内作出的。

① 使用一次性用具；② 开长明灯；③ 大量使用农药；④ 乱扔电池；⑤ 大量排放二氧化碳；⑥ 燃放烟花爆竹；⑦ 核威胁；⑧ 浪费水资源；⑨ 围湖造田；⑩ 战争；⑪ 开大排量车；⑫ 捕杀野生动物；⑬ 使用含磷洗衣粉；⑭ 践踏花草；⑮ 政府腐败；⑯ CPI直线上升；⑰ 瘟疫；⑱ 穿皮草服装；⑲ 吸烟；⑳ 生活垃圾不分类；㉑ 火烧森林；㉒ 乱用抗生素；㉓ 人口暴涨；㉔ 发表伪学术论文；㉕ 乱出书；㉖ 抽烟；㉗ 行星撞击；㉘ 使用含氟冰箱；㉙ 乱堆垃圾；㉚ 过度开采矿产；㉛ 吃口香糖；㉜ 过度包装商品；㉝ 大量使用纸巾；㉞ 污染海洋；㉟ 毁坏树木；㊱ 浪费粮食；㊲ 土葬；㊳ 乱砍滥伐；㊴ 气象灾害；㊵ 外星生命入侵；㊶ 变异病毒；㊷ 把野生动物关进动物园……

从中看出，对一句正面的口号反向思考，可以产生更为具体的众多“措施”来防止问题的产生。逆向思考正是通过对问题另一面深入挖掘事物的本质属性，来开拓解决问题的新思路。如果对“健康生活每一天”的逆向提问：“想生病有哪些方法？”。面对看似荒唐的问题，如图2-5所示的思维导图练习在新鲜的角度下找到了更多“鲜活的答案”，更为重要的是改变了原来的思维定势。图2-6至图2-10是一组逆向思考的思维导图练习。

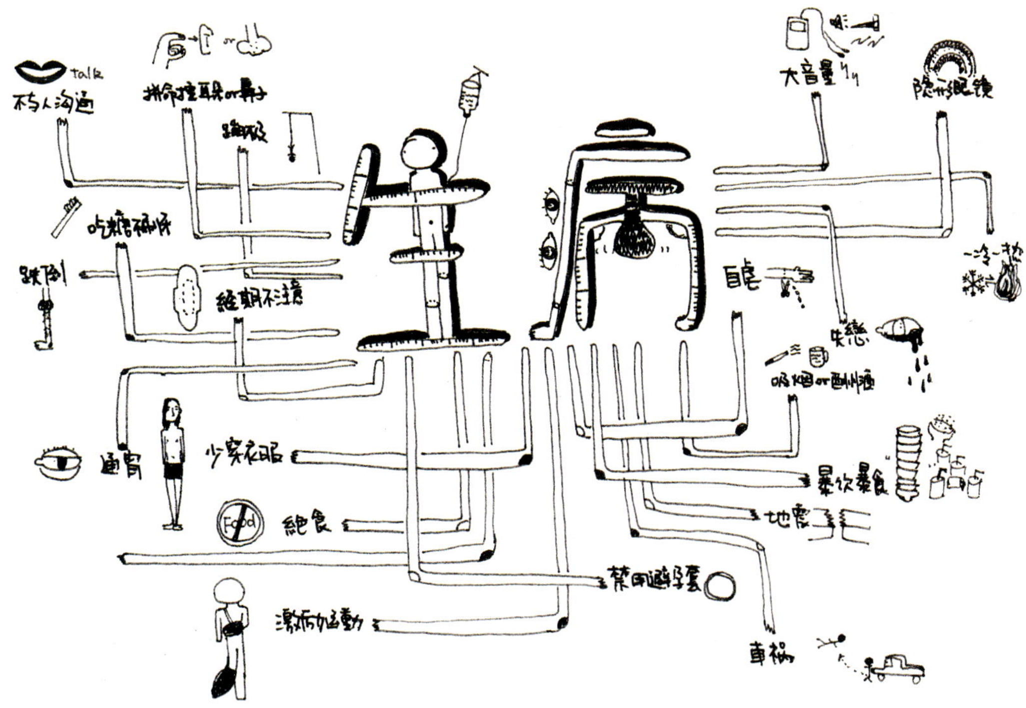

图2–5　想生病有哪些方法/作者：叶娅妮

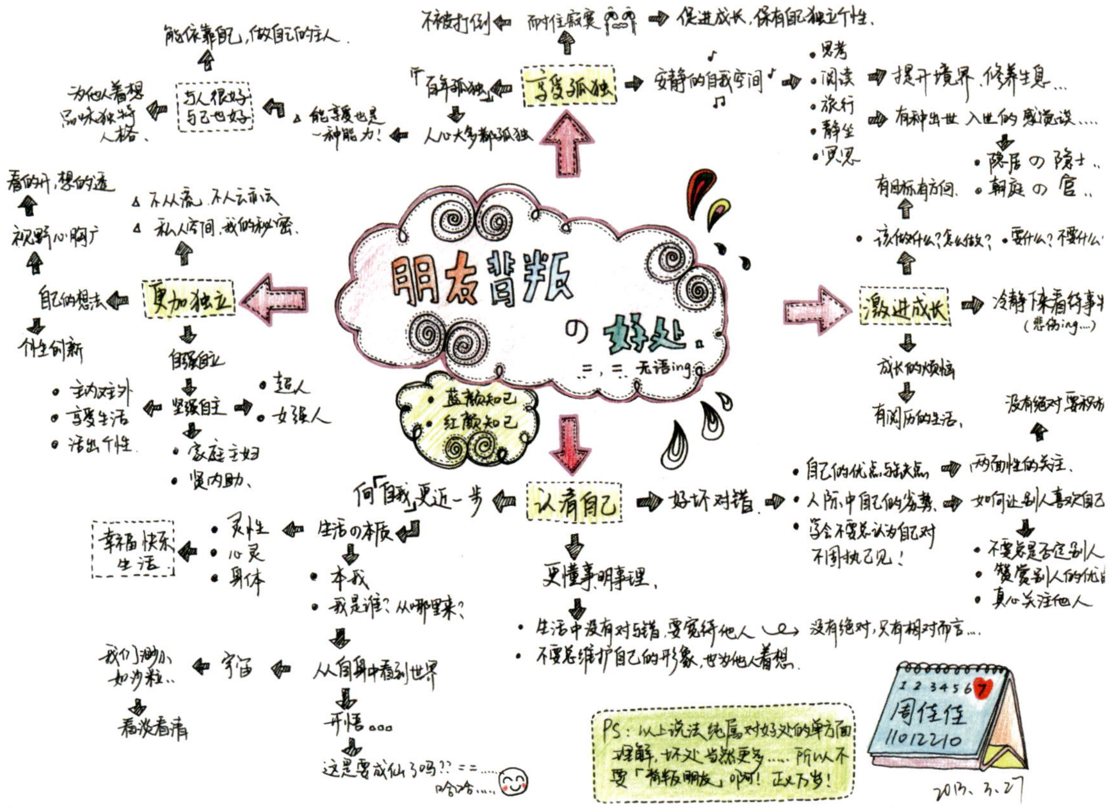

图2–6　朋友背叛的肯定视角/作者：周佳佳

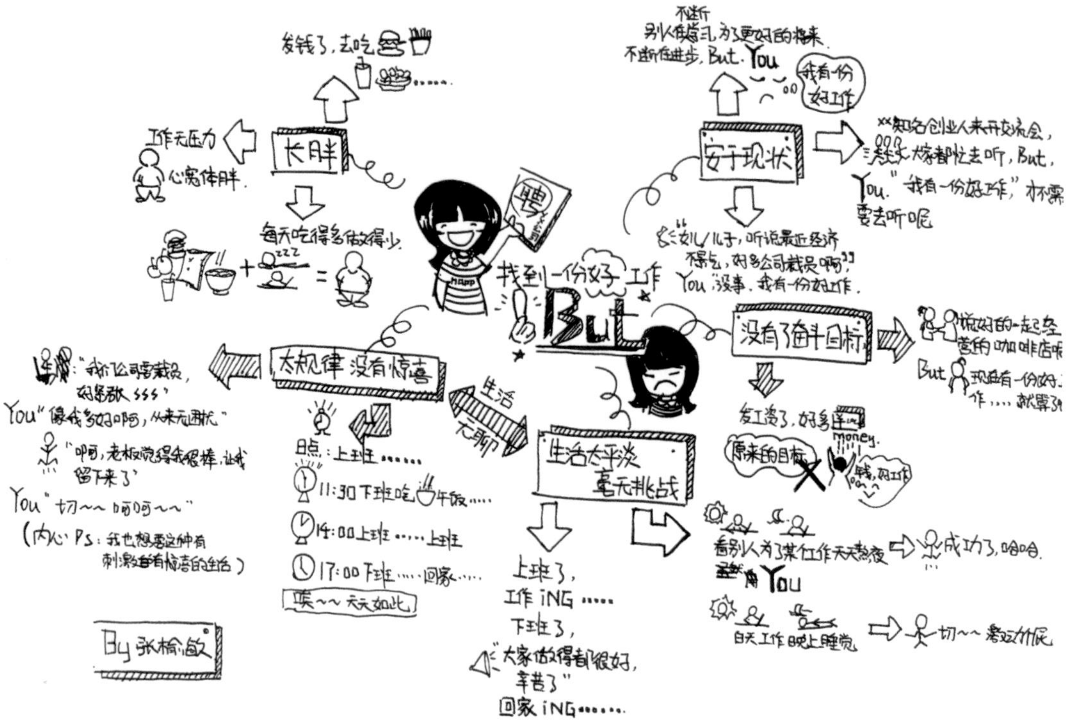

图2–7　找到好工作的否定视角/作者：张榆敏

图2–8　大病一场的肯定视角/作者：黄哲

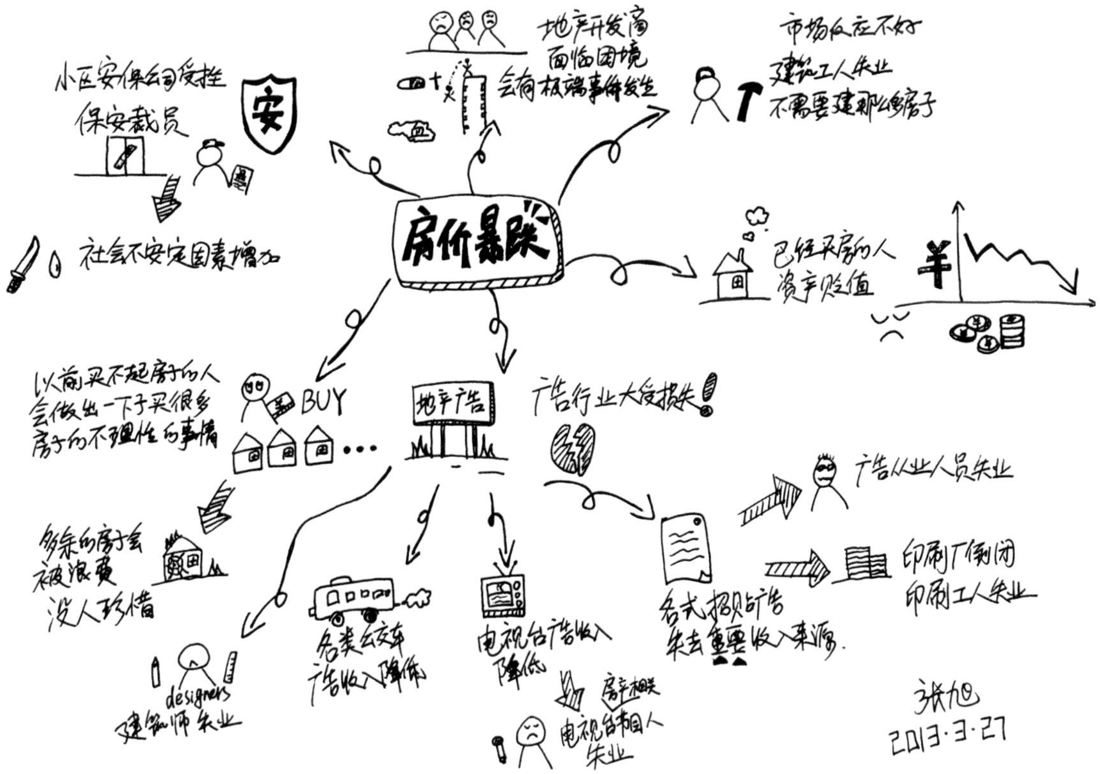

图2–9　房价暴跌的否定视角/作者：张旭

图2–10　经济低迷的肯定视角/作者：占文君

图2-11 台灯的逆向思考/设计：乔治・卡伐蒂尼

图2-12 花盆的逆向思考/设计：约翰尼斯・偌兰德

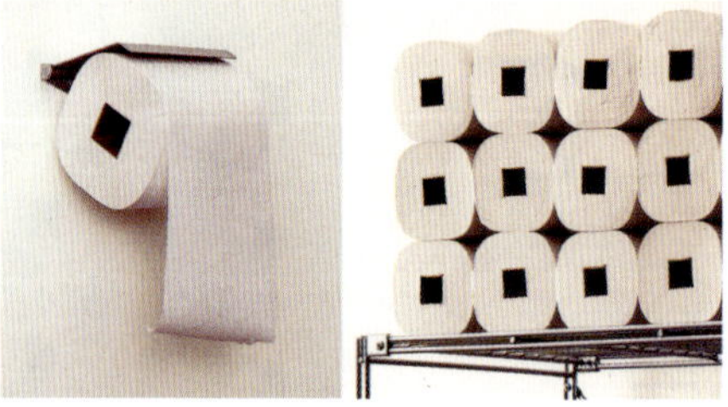

图2-13 卫生纸筒的逆向思考/设计：坂茂

所谓“思维定势”，具体一点就是“从众心理”，这是现代人都有的社会心理：不出格、随大流、人云亦云。人之所以需要“从众心理”完全源于高度组织化、社会化、法制化的现代生活。试想一下，如果没有这种心理机制，作为个体的人就无法立足于现代社会。就像在都市马路上不能在中间行走；口中有痰不能随意乱吐；气温再高也不能赤身裸体行走在大街上等等，当然这些都是现代文明的基本要求。通常情况下，“从众”比较有效、经济、安全，能解决生活中的常规问题，不用花费太多心思也能把事情做好。今天大力提倡所谓的“创新”，从某种程度上讲就是要克服这种从众心理。因为这种心理维持的是“常规”，长此以往整个社会就很难进步。

要想找到解决问题的新视角。我们要建立这样的观念，即在思考问题或设计过程中，并不存在一条明显的正确思路，对客观事物要经常从相反的方向思考，这样才能改变常规的心理定势，才能产生新的创意。

由此看来，所谓换个方式就是改变思维的方向，在创意思考中主要体现在以下几个方面。

（1）形态的逆向思考。从产品的形态、尺寸大小进行逆向思考。如图2-11所示的落地灯就是把原来的台灯尺寸放大三倍。据说这款灯具设计是为了纪念灯具制造商创业70周年而设计的限量版产品，这件独特的产品提升了公司的形象。

（2）功能的逆向思考。如图2-12所示的花盆是由聚亚安酯制成。这个花盆的奇妙之处是除了花盆之外，还可以在翻边后做成雨伞架，设计师在此作了功能的逆向处理。

（3）结构的逆向思考。市场上的卷筒卫生纸的内芯都是圆形的，而有位日本建筑师却把它设计成方形的，如图2-13所示。这种结构上的逆向思考显然不是为了形态上的标新立异，而是为了在使用时产生一点“不方便”——不那么滑顺地抽下纸来，还会发出“咔嗒——咔嗒”的响声，据说这种响声会在使用者的心理上造成节约资源的暗示。此外，由于圆芯卫生纸在排列装箱时彼此间的间隙较大，而方芯卷筒卫生纸在包装上可以节约更多空间，从而降低了运输成本。

（4）状态的逆向思考。将使用状态和使用环境等进行逆向设计而产生新奇感。如图2-14所示的可加油的油灯是用剩余的手榴弹重新镀金制成的。它具有了一种全新的感觉：手榴弹从一种对战争的阴暗象征转变成了一个明亮的桌面装饰。

（5）因果关系的逆向思考。如图2-15所示的纸杯上的图案是造纸过程中的各个环节。把“树木变纸材”的因果关系形象地展示给终端使用者，有助于消费者作出节约用纸的行为判断。

图2–14　手榴弹的逆向思考/设计：皮特・霍腾巴斯

图2–15　纸杯的逆向思考/设计：耶利米・塔索林

2.2　水平思考

水平思考是剑桥大学爱德华・德・波诺教授针对纵向思考（或称垂直思考，即逻辑思维）提出的一种看问题的方法。他认为纵向思维者解决问题的方法是从假设→前提→概念开始，进而依靠逻辑判断，直至获得问题的答案；而水平思考不太考虑事物的确定性，而是多种选择的可能性；关心的不是完善的已有观点，而是如何寻求新点子；不是追求所谓的正确性，而是注重丰富性。如何实现水平思考呢？需要通过以下七个步骤。

（1）要养成寻求尽可能多的、探讨不同问题的习惯，而不要死抱住老办法不放。可以用多种方法来开拓思路，以寻求观察问题的办法、类比和可能的联系。

（2）要对各种假定提出反思。通常情况下，人们在思考某件事情时，总会作出多种假定，往往会无意识地把问题想当然。但是，当抱着怀疑的态度仔细追究时，可能被证明是不可能的或不恰当的。这就扫清了思想上的障碍。

（3）不要急于对头脑中涌现出的想法加以判断。众所周知，许多科学发现常以假线索作为先导，因此在没有新想法产生之前，不要将其放弃，它也许能孕育出更进一步的想法。目的在于发现一种新的、有意义的思想组合，而不是通过何种途径来实现。

（4）使问题具体化，并在头脑中形成一幅图像。本书第一章已提到：图像可以帮助我们进行重新排列，发现相互的联系等等。图解还有利于采用符号来表示各种不同的因素。

（5）要把问题分成独立的几个部分。逻辑分析是一种系统的方法，目的在于对问题作出解释。而横向思考是对各部分作出鉴别，并给予重新排列与组合。

（6）从问题之外寻求突破的机遇，比如逛商店，到玩具店随便看看，或者随便从字典里查一个词等等做法，都是寻求突破的方法。在商店里闲逛时，并不寻找与问题直接有关的东西，应该在头脑中保留有空白处，并随时接受新东西。偶然碰到的东西，或来自字典中的一个词，都可能引发出一批相关的想法。也许偶然的机遇可以导致问题的迎刃而解。

（7）参加各种新观念的启发性会议，譬如小组头脑风暴之类的活动，这方面内容将在2.3节中介绍。

所以，所谓水平思考是从已有的信息中产生新信息，并从不同角度、不同方向进行思考。与此相类似的还有一个更为形象的说法叫“思维发散”。这种思考方式既无方向、又无范围、不墨守成规、不拘泥于传统方法，对所思考的问题标新立异，达到“海阔天空”“异想天开”的境界。图2-16至图2-19是对有关课题的思维发散练习。

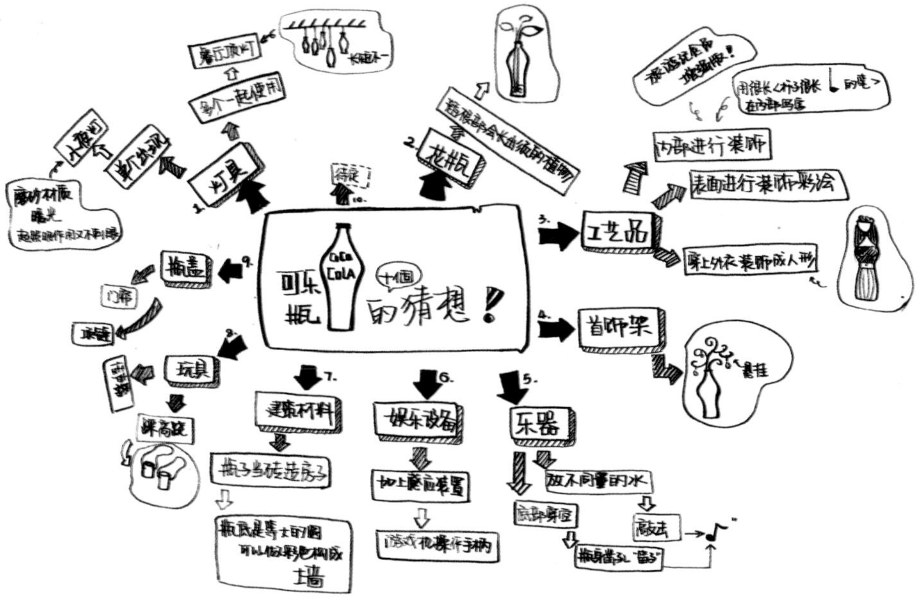

图2–16　可乐瓶用途的思维发散/作者：徐吉人

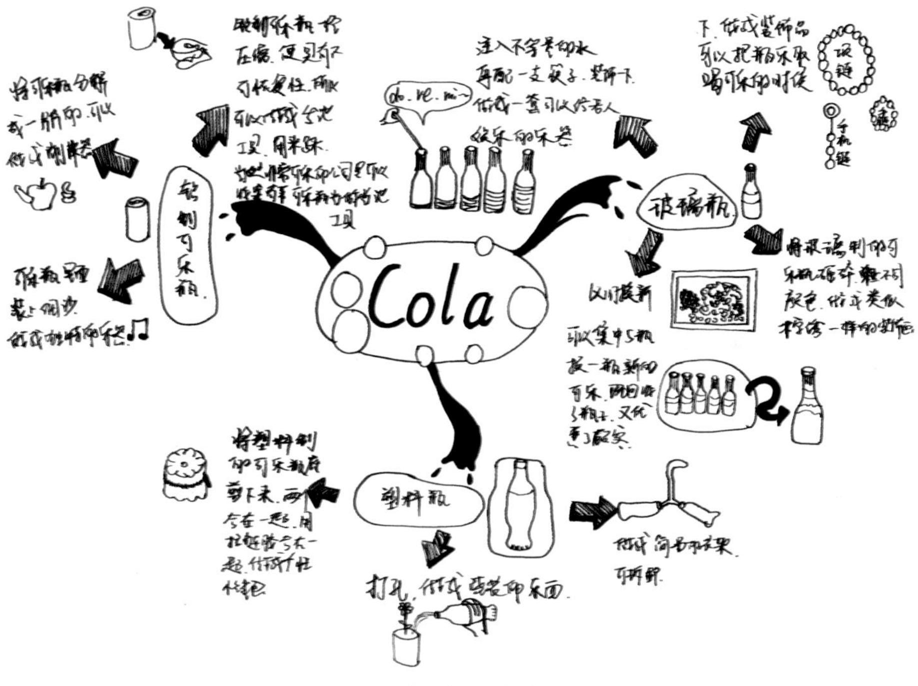

图2–17　可乐瓶有多少种用途/作者：王相洁

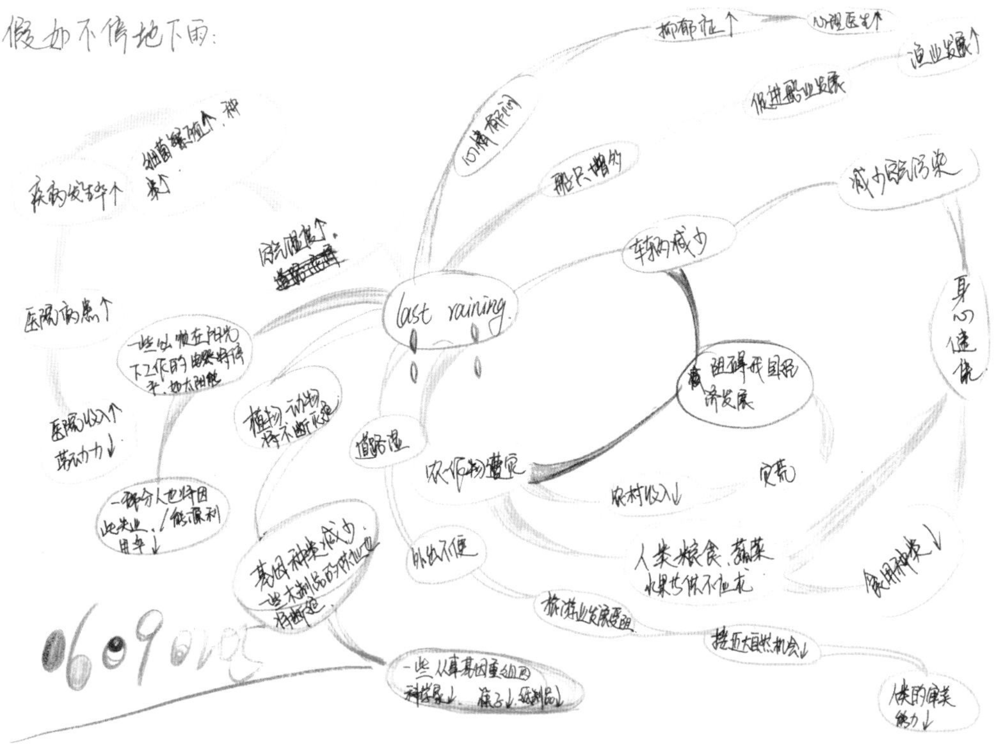

图2-18 假如不停地下雨/作者：王娜

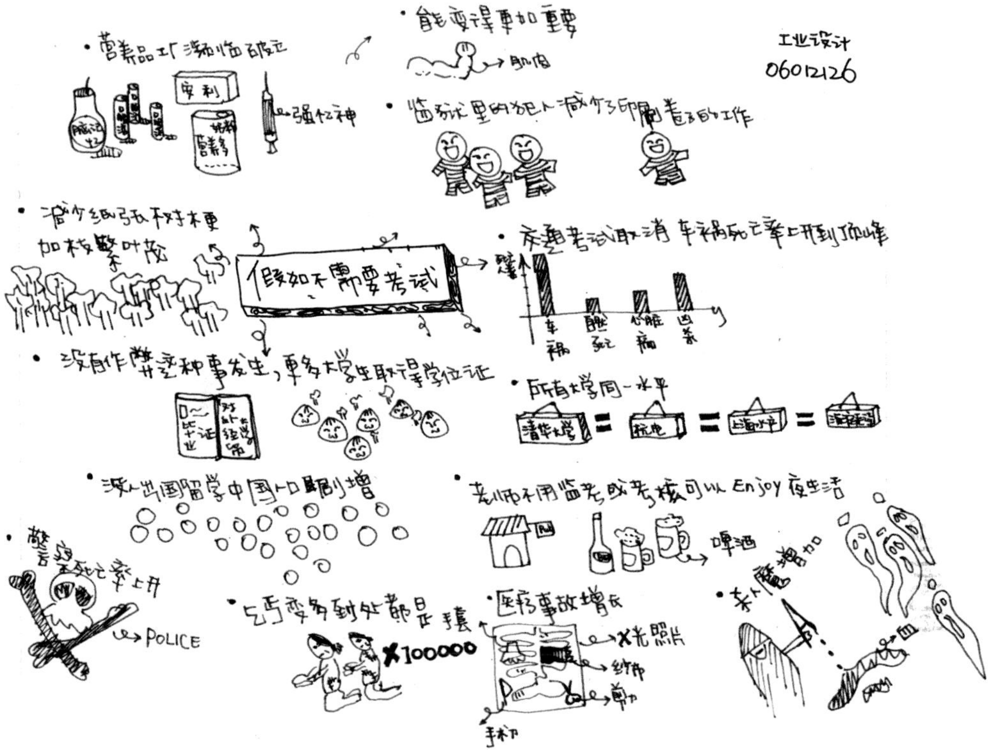

图2-19 假如取消考试/作者：田一禾

“水平”也好，“发散”也好，都是一种形象的说法，对应于垂直的、收敛的逻辑思维模式。水平思考是沿着多条“思维线”向四面八方发散，能有效地扩展思维的空间，所以是一种非逻辑思维；而逻辑思维则是一种单线性思维。但是，逻辑思维和非逻辑思维是人类认识世界、创造新思想的两个轮子，缺一不可。只是我们的传统教育比较重视前者而忽视后者。在提倡创新、创意的今天，增强非逻辑思维的训练有助于创新思维的培养。

从单独一根“思维线”向多条发展是需要经过一定量的训练。尽管是“海阔天空”或者是“异想天开”，这类训练活动以及产生的思维成果并不是没有评价标准，而是有三个评价指标：流畅性、变通性和独特性。

流畅性是发散性思维量的主要指标，只要按照问题去发散。发散越多，得分越高。变通性要求从不同的方面去发散，思维运算涉及信息的重组，如分类、系列化，甚至转化、蕴涵，具有较大的灵活性和可塑性。独特性要求以新的观点去认识事物，反映事物，意味着思维空间的重新定式，难度最大。由于独特性更多地代表发散性思维的质，它在发散性思维的三个因素中有着特别重要的意义。以“铅笔”为发散题目为例：提出当做玩具、礼品、抒发情感的工具……可以认为具有“变通性”，而提出可以抽出铅芯当吸管使用、成捆铅笔当凳子使用……就具有“独特性”。

我们来做一个用非逻辑思考的教学实验，用文字或图形对“筷子的用途”作至少20种以上思维发散。要求每个想法要标序号，答题完毕写上学生的学号姓名，并交给课代表。课代表将收上来的答题随机发给其他同学；每位同学对拿到的答题进行评分，要写出三个指标的分数和总得分，并写上评分者的学号交给任课老师。

评分标准：流畅性——以答题数量为得分值。如一共写出22个答案，得分为22分。变通性和独特性要根据定义来判断，要分别列出序号。如：变通性：①③⑧；独特性：⑤⑨。变通性每个答案为3分，独特性每个答案为8分（图2-20）。答题时间为20分钟。

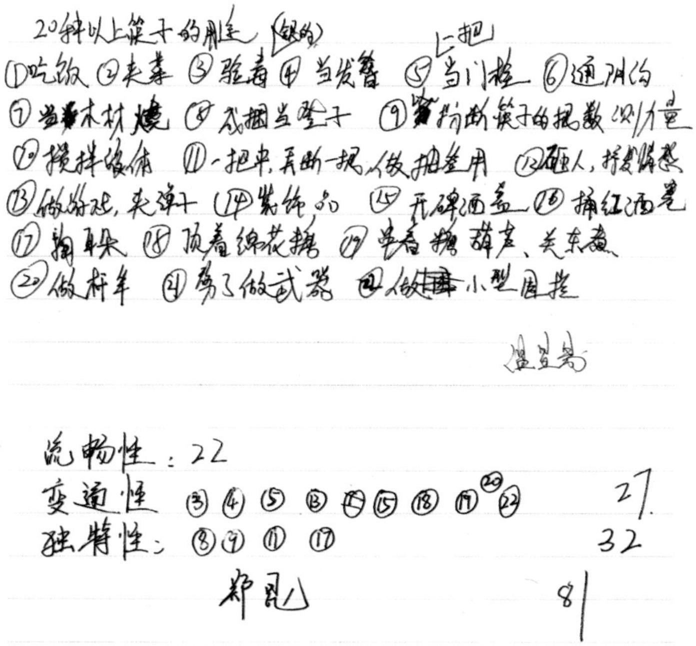

图2-20　“筷子的用途”思维发散及评分

“筷子的用途”答案：

①吃饭夹菜；②捞东西；③围起来做成笔筒；④打击乐器棒；⑤做成玩具手枪；⑥编织起来做帘子；⑦蒸架；⑧杯垫；⑨搅拌棍；⑩教鞭；⑪防身武器；⑫当牙签；⑬捆成一捆当做双节棍；⑭练习转笔；⑮做成木偶、玩具；⑯制作灯笼或笼子；⑰疏通管道；⑱头发簪子；⑲拣垃圾；⑳蘸墨水写字；㉑点火棍；㉒固定东西；㉓织衣；㉔衣架；㉕制作模型工具；㉖小型篱笆；㉗玩具炮筒；㉘钻木取火；㉙启瓶器；㉚秤杆；㉛淘米倒水时可以拦米；㉜尺子；㉝门的插销；㉞做三脚架；㉟指挥棒；㊱插在墙上做挂衣钉；㊲九节鞭、双节棍；㊳并排粘贴到墙上，装修用；㊴削尖做成钉子；㊵刷子；㊶拿来做成风筝；㊷可以用来当棉花糖的棒子；㊸冰糖葫芦串签；㊹做成书签；㊺捆成当拖鞋底；㊻做成灯具；㊼做成相框；㊽堆积木；㊾游戏棒；㊿做成枕头；51拼成字体做招牌；52做成风铃；53编成储物篮；54写字工具；55做成耳环；56做成梳子；57健身器材；58做成圆规；59当飞镖；60过家家玩具；61做成时髦的服饰；62用来卷发；63雕刻工艺品；64杂耍道具；65做成地板；66做纸的原材料；67敲鼓棒；68做成竹筏；69挠痒用；70夹手指的刑具；71可以翻滚事物；72验毒工具；73做成测力器；74做游戏工具；75掏耳朵勺；76支撑架；77当火把；78小旗杆；79编制成席子；80搭积木；81削尖当针；82擀面杖；83螺丝刀；84做撑杆；85打狗棍；86当滑雪板；87键盘按钮；88圈成圆当轮子；89当台阶使用；90击剑；91天线、导线；92做成手链、项链；93红绿灯的外框；94做成商店里的计算器；95做成路边的污水盖；96做成牙刷；97做成竹筒饭；98电影道具；99做成有古典风味的大门；100电脑的保护壳。

近年来网络购物在我国呈爆炸式发展趋势，“双十一”成了电商的集体狂欢。网购商品的运输、包装及形态都会带来革命性的变化。这就需要设计师改变一下惯常思路。图2-21至图2-23是同学们对此所作的创意思考和设计。

图2-21 小组对移动折叠的水平思考

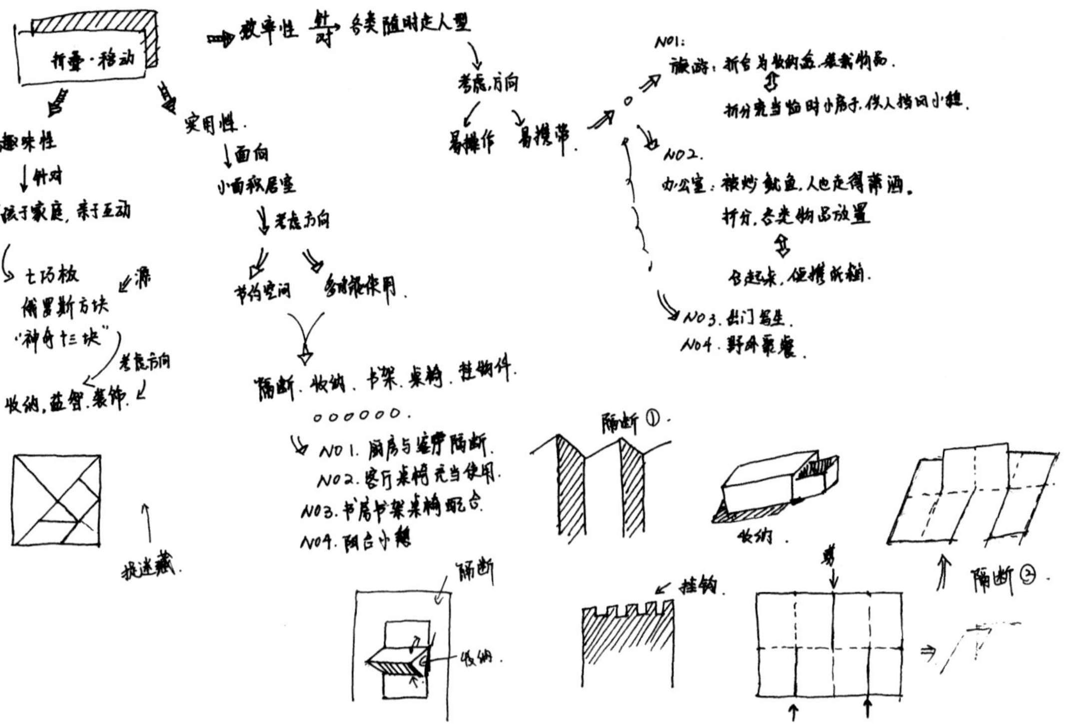

图2-22 移动的水平思考/作者：邱海霞

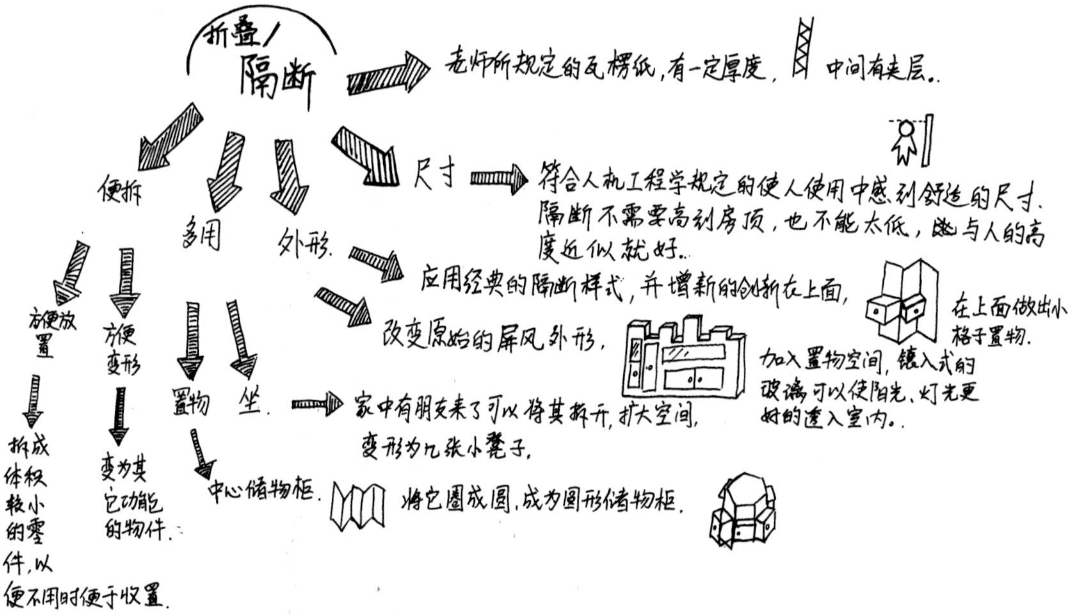

图2-23 折叠的水平思考/作者：欧婕

图2-24和图2-25是同学们在实用功能、运输包装、空间划分等多种因素思考后提出的两个解决方案。

菊扇 可任意分割空间的旋转式桌椅

利用瓦楞纸的特性，采用完全可拆卸结构，做出旋转茶几。用于书店，休息室等公共场所，也可当做家具。

通过插片形式将截面固定，因此可以任意旋转选择插片的多少，弧度自由。瓦楞纸为环保可降解材料，满足当代人对环保的追求。

利用瓦楞纸的特性，采用完全可拆卸结构，做出旋转茶几。适合应用于书店、休息室等公共场所。

在使用时通过插片形式将桌面固定，可任意旋转决定插片数量，控制桌面面积。

本制作依照瓦楞纸本身特性，全采用瓦楞纸手工制作。

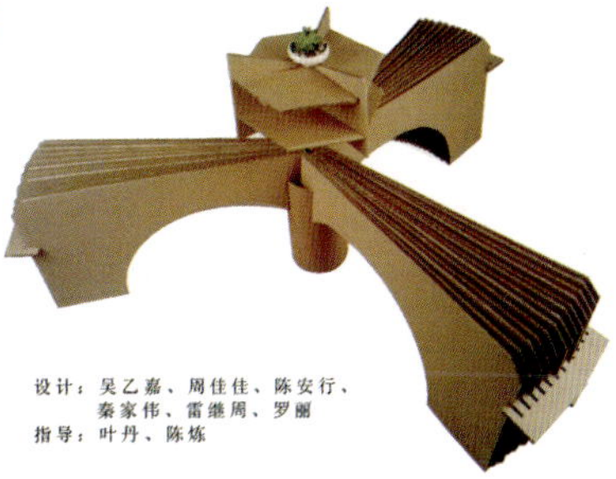

设计：吴乙嘉、周佳佳、陈安行、秦家伟、雷继周、罗丽
指导：叶丹、陈炼

图2-24 菊扇——折叠桌椅/设计：吴乙嘉、周佳佳、陈安行、秦家伟、雷继周、罗丽

隔中格

具有隔断功能的移动式柜子

本作品为分割私密与公共空间而设计。采用绿色环保的瓦楞纸材料，其结构设计为可拆卸式，便于收藏、运输和网络销售。其构造可以由多个单体储物柜通过中间嵌板的链接，实现伸缩自如的空间隔断效果。不仅可以分隔空间，而且还具有储物柜和装饰柜功能。本产品适用于大学生公寓、以及刚刚走向社会而没有固定居所的年轻人。

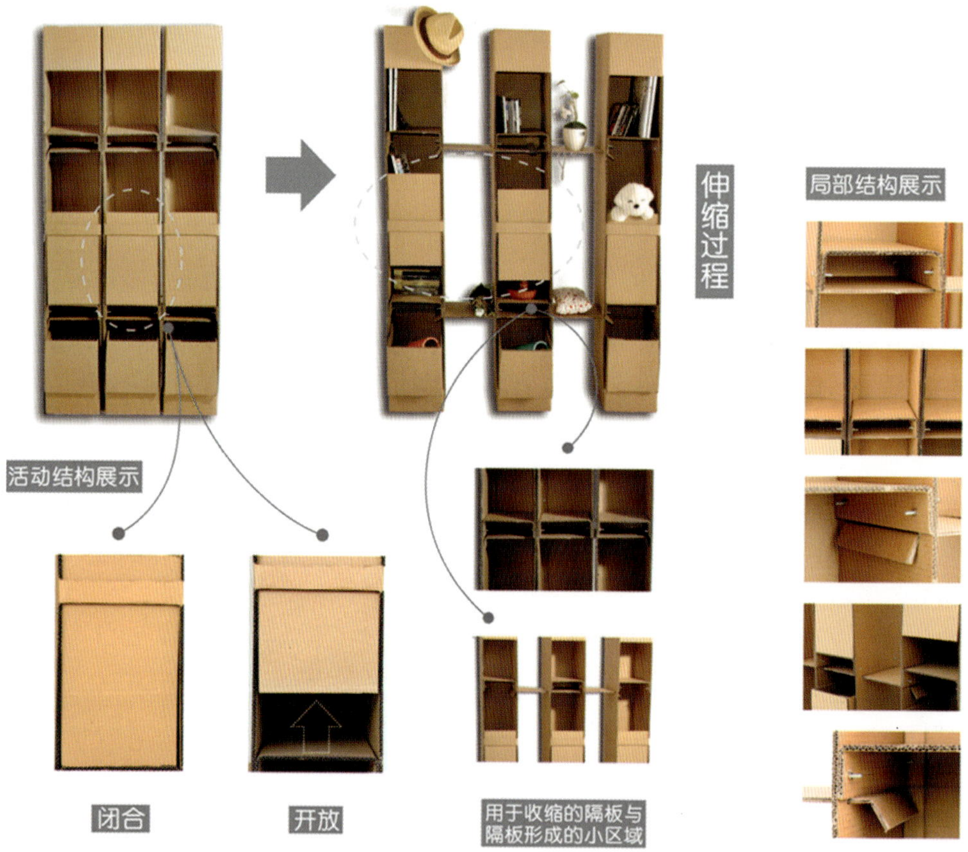

图2-25　隔中格——具有隔断功能的移动式柜子/设计：张素荣、夏晨笑、许黎杰

2.3 头脑风暴

现代经济组织越来越重视“团队合作”，因为个人在经历、学识、专长等方面的差异很难独立解决难题，而由多人协作的条件下就有可能成功，即所谓整体大于部分的整体效应。大文豪萧伯纳曾经说过一句名言：“如果你有一种思想，我也有一种思想，通过交流我们就拥有两种思想”。这句话点明了交流的重要性。但是这种交流的有效性有时候是需要条件和一定的环境。一堆人在一起讨论问题有时比一个人想问题更有效率。被誉为创造学之父的美国人亚力克・奥斯本在20世纪50年代就发明了“头脑风暴法”。其用途是激发集体智慧、提出创新设想，为解决某个问题提供方案。就如本章介绍的逆向思考、横向思考等思维工具都可以在小组会议上使用，比起个人的苦思冥想，这种方式会得到更多的解决方案。

所谓“头脑风暴”，是一种“集思广益”的小组会，一般有5~10人参加，其中有一位主持人和一位记录员。主持人首先要简要说明议题、要解决问题的目标以及会议规则，包括畅所欲言，不准批评，追求方案的数量等等。然后组员针对同一个问题轮流提出意见，而最为重要的是一个意见往往会引发更多的意见产生。因此奥斯本作过这样的描述：“让头脑卷起风暴，在智力中开展创造。”这就是头脑风暴的魅力所在。

那么，头脑风暴为什么能激发创新思维？其理由有这几个方面：一是联想反应。联想是产生新观念的基本条件之一。在小组讨论中，每提出一个新想法，能引发他人的联想，并产生连锁反应。二是热情感染。在不受任何限制的情况下，小组讨论问题能激发人的热情。自由发言、相互影响、相互感染，能形成热潮，突破固有观念的束缚，最大限度地释放创造力。三是竞争意识。人都有争强好胜的心理，在竞争环境中，人的心理活动效率可增加50%或更多。组员都有表现独到见解的欲望，组员的竞相发言，可以不断地开动思维机器。四是个人欲望。在宽松的讨论过程中，个人观点的自由表达，不受任何干扰和控制，是非常重要的。一条重要原则是不得批评仓促的发言，甚至不许有任何怀疑的表情、动作、神色。这就能使每个人畅所欲言，提出大量的新观念。

所以，头脑风暴的意义在于集思广益，为了保证这种方法发挥作用，参加头脑风暴的小组人员必须遵守如下四项原则（图2-26至图2-29）。

（1）畅所欲言。小组成员不应该受任何条条框框限制，放松思想，让思维自由驰骋。从不同角度、不同层次、不同方位大胆地展开想象，尽可能地标新立异，与众不同，不要担心自己的想法是不对的、荒谬的，甚至是可笑的。

（2）延迟评判。在讨论现场不对任何设想作出评价，既不肯定，也不否定某个设想，也不能对某个设想发表评论性的意见。一切评价和判断都要延迟到会议结束以后才能进行。这样做一方面是为了防止评判约束与会者的积极思维，破坏自由畅谈的有利气氛；另一方面是为了集中精力先开发设想，避免把应该在后阶段做的工作提前进行，影响创造性设想的大量产生。

（3）追求数量。获得尽可能多的设想，追求数量是头脑风暴的首要任务。组员要抓紧时间多思考，多提设想。至于设想的质量问题，可留到会后的设想处理阶段去解决。在某种意义上，设想的质量和数量密切相关，产生的设想越多，其中的创造性设想就可能越多。

（4）引申综合。头脑风暴小组会不仅仅是把各自的想法罗列出来，还是一个激荡、催生新想法，获得更多更好方案的过程，因此要鼓励小组成员对他人已经提出的设想进行补充、改进和综合。

图2-26　以小组为单位进行头脑风暴体验

图2-27　每一位成员的想法又不断启发新点子

图2-28　从众多想法中选出最佳点子

图2-29　小组代表向全班同学陈述并演示最佳想法

奥斯本认为："作为创造性教育的补充，我们把集体头脑风暴法视为一种教学方法，这种教学方法有效地培养了人们的创造才能，并且有助于人们的思维。通过参加头脑风暴会议，不论是在个人努力还是在集体工作中，人们都可以提高自己的创造才能。"[a]

课程实训题 1：体验头脑风暴

要求：给每个小组随机分发一件物品（纸杯、螺丝刀、榔头、饮料瓶、折叠伞、手电等），要求提出100种用途。

（1）小组成员轮流提出饮料瓶各种用途的想法，每个想法不断启发新点子。

（2）从思维发散的众多想法中选出最佳点子。

（3）小组代表向全班同学陈述并演示最佳想法。

（4）投票评选最具创意的想法。

评分标准：a.感知觉能力敏锐，并有清晰的表达；b.思维的广度比深度重要（图2-30、图2-31）。

a　余华东.创意思维训练教程[M].北京：人民邮电出版社，2007：91.

图2–30 纸杯用途的头脑风暴成果

图2–31 螺丝刀用途的头脑风暴成果

课程实训题 2：主题演绎

要求：从“自由”“教育”“责任”“信任”中任选一个词作为主题，通过小组头脑风暴，产生3～5个主题演绎创意。经过内部评审后，选择一个创意作为小组表演主题。然后排练、完善，并准备好必要的道具，在下一次课堂上向全班师生进行主题表演。

评审标准：a.富有创意（视角独特）；b.知觉传达完美（完整表达）；c.思路清晰（表演和主题的一致性）；d.团队合作默契（策划、表演、道具到位）。

主题演绎：第一组主持人拿出鸟笼，一只被绑住脚的鹦鹉关在里面。大声问大家：它现在自由吗？同学们哈哈大笑、摇头。主持人把绳子解开，问大家：它现在自由吗？下面依然是笑声。主持人再把鸟笼打开，大声问大家：现在它总自由了吧？“不自由，它还在教室里呢”。主持人把窗户打开，把鸟放出教室。转过身来严肃地问大家：它现在就自由了吗？大家反而沉默不语了。

表演主题：从来就不存在绝对的自由。

主题诠释：不断地给小鸟自由，解开绳子→打开鸟笼→放出教室→让它回归大自然。每一次给予它的自由都是一次突破，正是这种突破让小鸟“更自由”。最后它回归大自然了，那么真的就自由了吗？也许小鸟会遇到生存危机，因为它从出生至今一直生活在笼子里。

——孙卓谦、纪礼明、徐亚松、刘昕禹、姚丹结、黄章帅

主题演绎：第二组的主持人拿出三个颜色的杯子，让一位女生从中选一个，女生饶有兴趣选了洋红色的杯子（图2-32）。接着主持人又拿出三个绿色的杯子，让另一位男生挑选，这位男生有些不知所措，随便拿了一个（图2-33）。

图2-32 选择了洋红色杯子，是因为她自己喜欢的

图2-33 相同颜色的杯子，没有了选择的余地

表演主题：有选择，才有自由。

主题诠释：这就是那位男生不知所措的原因。当所有的杯子颜色都一样时，就没有了选择的余地。而女生为什么能饶有兴趣地选了洋红色的，是因为她能选择自己喜欢的颜色。

——汪永清、沈莉、严胡岳、王诗汇、曹文彬

主题演绎：第三组主持人邀请一位同学上台，请这位同学蒙上双眼，并原地转圈。随后要求他走到指定的地点，但他无法迈步；随后是在主持人的帮助下，这位同学才到达指定地点。

表演主题：教育就是为你指引方向。

主题诠释：被蒙住双眼的同学是无助迷茫的，而主持人就象征着导师。在人生过程中，

我们会面临许许多多的选择，有时会迷茫，会感到无助。方向错了，花再多精力也是白费。教育应该能开启那扇大门，为我们指明方向。

——吕晓俞、张明安、王鹤蓓、刘鹏远、金伟金

主题演绎：第四组同学甲向大家展示三张带有同样黑点的纸，并宣布“请两位同学上来帮我试着擦掉这些黑点”。同学乙、丙上来后，三位同学分别用水、橡皮擦、透明胶带当场表演去除黑点。结果甲的黑点不仅没被去掉，反而有所增加，乙的则无明显效果，只有丙达到了目的。甲同学又拿出两张卡纸，其中一张是已成圆筒状的。“这个筒状的卡纸是我昨天用白乳胶将卡纸两侧黏合而成，现在我尝试用同样的方法再做一个纸筒。”由于时间不够没能实现。

表演主题：好的教育质量要有方法和时间来保证。

主题阐释：如果把那些黑点比作一个人的缺点，那么“注水式教育”与“橡皮式教育”都无法体现教育的作用；如果说教育在于塑造人，没有一定的时间保证，也只能是空想，不会有效果。

——喻鹏程、许银壬、汪赞、马庆中翳、周闵川

主题演绎：有个男孩从小就有一个心愿：要亲手种植一棵小树，这个梦想承载着希望——与小树一同成长。他细心呵护，小心照料。当树苗长成大树后，赋予了男孩和周围的人们一片绿荫和果实。

表演主题：责任是双向的。

主题诠释：正如男孩和小树，相互的付出导致了相互的责任。我们应该勇于承担自己的责任，并以一颗感恩之心对待周围的一切——人以及自然环境。

——马建浩、方郎钿、周硕、莫筱颖、綦航

思考与延伸阅读

思考题1：根据下列题意作图解思考。

（1）图解郁闷的对立面是什么？

（2）图解痛苦的对立面是什么？

（3 ）图解麻烦的对立面是什么？

（4）图解不幸的对立面是什么？

（5）图解孤独的对立面是什么？

思考题2：健康生活每一天。

反向思考：想生病有哪些方法？

要求：作思维导图，20分钟内能产生多少“方案”。

思考题3：请用“否定视角”思考下列事物，从中找出消极因素或不好的方面，找出的理由越多越奇特越好。

（1）天下无贼。

（2）房价暴跌。

（3）找到一份好工作。

思考题4：请用“肯定视角”思考下列事物，从中找出积极的因素或好的方面，找出的理由越多越奇特越好。

（1）经济低迷。

（2）大病一场。

（3）朋友背叛。

思考题5：用非逻辑思考方式回答下列问题。

要求：文字、图解形式不限；每个想法要标序号；答题完毕写上学号和姓名，并交给课代表；课代表将收上来的答题随机发给其他同学；每位同学对拿到的答题进行评分，要写出三个指标的分数和总得分。

（1）雨伞的用途，列举20种以上。

（2）20种以上筷子的用途。

（3）20种以上照明的方法。

（4）20种以上与钥匙圈组合的东西。

思考题6：用发散思考回答下列问题。

（1）假如人类不需要睡眠。

（2）假如不停地下雨。

（3）假如天上有两个太阳。

（4）假如取消考试。

（5）假如树是蓝色的。

延伸阅读

（1）梁良良. 创造思维训练[M]. 北京：新世界出版社，2006.

（2）余华东. 创新思维训练教程[M]. 北京：人民邮电出版社，2007.

（3）[美]麦克尔・盖博. 像达・芬奇那样思考[M]. 北京：新华出版社，2002.

第三章　相似性类推

□ 教学目的

1．学习类比的思考策略，寻求解决问题的新思路；

2．学会把一个事物的某种属性应用在与之类似的另一事物上，探索各种可行性；

3．通过眼睛观察、动脑思考和动手制作，学习在比较中进行创新设计。

□ 教学方式

1．利用多媒体课件讲授理论；

2．学生以小组为单位进行实物观察、构绘，教师作辅导和讲评。

□ 教学要求

1．了解类比思考的原理，掌握同中求异和异中求同的思维方法；

2．运用图解的方式进行可视化类比思考；

3．运用仿生类比方法进行小产品设计。

□ 教学框架

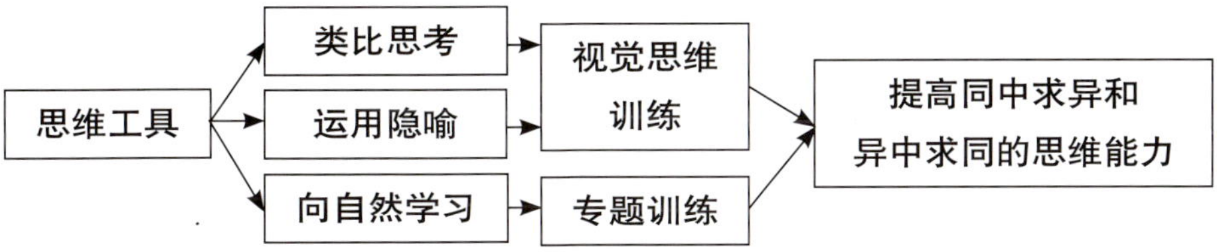

3.1 类比

所谓类比，就是由两个对象的某些相同或相似的性质，推断它们在其他性质上也有可能相同或相似的一种推理形式。类比的出发点是对象之间的相似性，而相似对象又是多种多样的。达·芬奇是举世公认的杰出画家，从配有5000多幅插图的手记中可以看出，他所涉及的设计研究领域相当广泛，其中包括机械、建筑、水力、空气动力、声光学等，他不但是一位博学的设计大师，更是一位善于向自然学习的类比高手。如图3-1所示是达·芬奇手记中的直升机设计方案。他把水的流动类比于空气的流动，并用当时广泛用于水驱动的螺旋桨安装在直升机上。为了在空气中能垂直地把人“拉起来”，他把螺旋轴改为垂直方向。由于当时技术设备的限制，这个设计方案最终没能升空，但其设计理念和外形已很接近今天的直升机了。

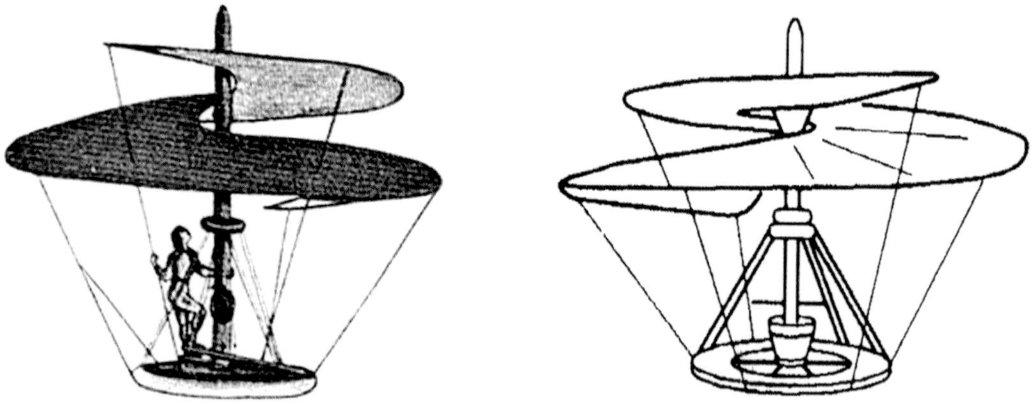

图3-1　达·芬奇手记中的直升机方案

相对于水流，电流是不可视的，虽然这两种物质属于不同的概念范畴，但依据两者之间的属性、关系上的类似，我们把无形的“电”借助有形的“水流”来加以认识和理解。于是就产生了：流水的阻力——电阻、水压——电压、流量——电流、导管——导线等新概念。所以，类比思考的意义在于比较中创新，具体表现在以下两个方面。

（1）发现未知属性，如果其中的一个对象具有某种属性，那么就可以推测另外一个与之类似对象也具有这种属性。地质学家李四光经过长期观察发现，我国东北松辽平原的地质结构与盛产石油的中东很相似，于是经过一番勘探，终于发现了大庆油田。

（2）把一种事物的某种属性应用在与之类似的另一事物上，可以带来新的功能。众所周知，泡沫塑料的质量很轻，而且具有良好的隔热隔音作用，这种特性的原因是在合成树脂中加入了发泡剂。有人由此想到在水泥中加入发泡剂，结果发明了质轻、隔热、隔音的气泡混凝土。

类比法又称综摄法，是由美国麻省理工学院教授弋登（W. J.Gordon）于1944年提出的一种利用外部事物启发思考的方法，并提出两个思考工具：“异质同化”和“同质异化”。

“异质同化”是把看不习惯的事物当成早已习惯的熟悉事物。在问题没有解决前，这些事物对我们来说都是陌生的，“异质同化”就是要求我们在碰到一个完全陌生的事物时，运用所有经验和知识来分析、比较，并根据结果作出很容易处理或很老练的态势，然后再去思考用什么方法才能达到这一目的。“同质异化”则是对某些早已熟悉的事物，根据人的需要，从新的角度观察和研究，以摆脱陈旧固定的看法的桎梏，产生新的构想，即将熟悉的事物化成陌生的事物看待。为了更好地运用异质同化、同质异异化，弋登还提出了四种模拟技巧。

（1）人格性的模拟。这是一种感情移入式的思考方法。设想自己变成该事物后，自己会有什么感觉，如何去行动，再寻找解决问题的方案（图3-2）。

（2）直接性的模拟。以作为模拟的事物为范本，直接把研究对象与范本联系起来进行思考，提出处理问题的方案（图3-3）。

（3）想象性的模拟。利用人类的想象能力，通过童话、小说、幻想、谚语等来寻找灵感，以获取解决问题的方案（图3-4）。

（4）象征性的模拟。把问题想象成物质性的，即非人格化的，然后借此激励脑力，开发创造潜力，以获取解决问题的方法（图3-5）。

图3-2　像货运车的动物/作者：王相洁

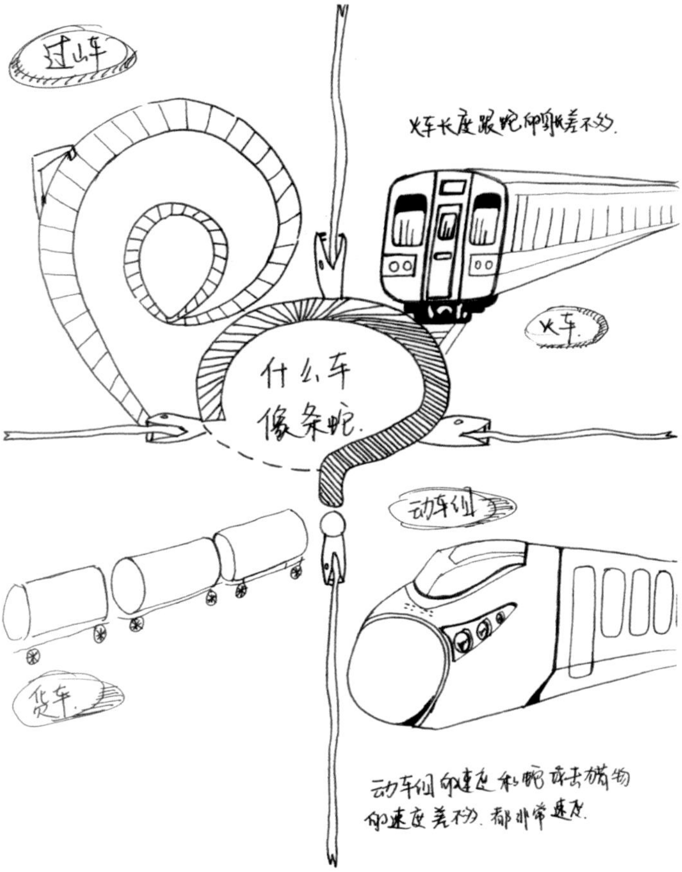

图3-3　什么车像条蛇？/作者：王相洁

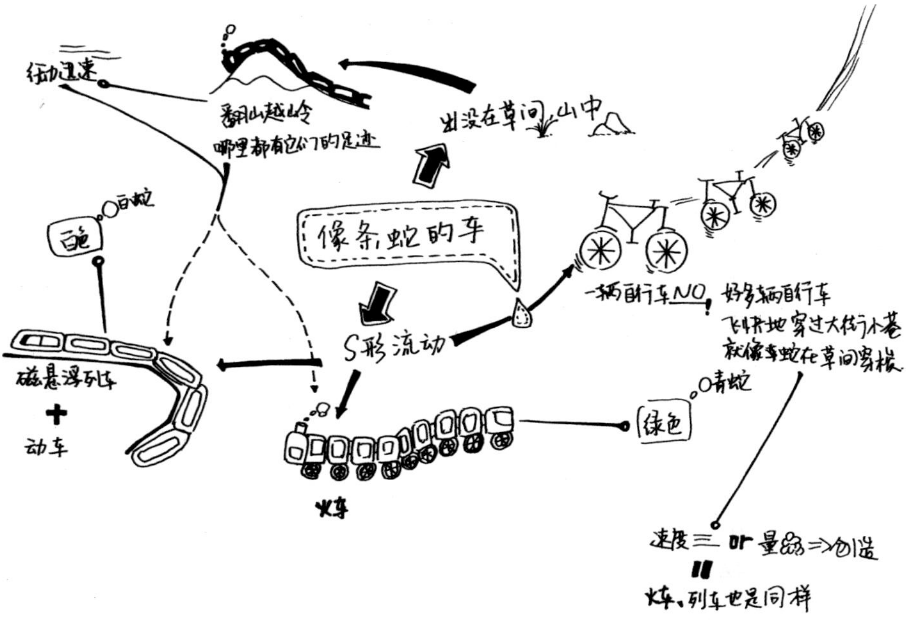

图3-4　像条蛇的车/作者：施齐

图3–5　生物的品质/作者：王文娟

3.2　隐喻

类比的另一种形式就是比喻，比喻常常用在语文中，而用在设计中称之为隐喻。这是一种把未知的东西变换成已知的事物进行传递的方式。例如，“车队蚂蚁般地前行”这个隐喻假定不清楚车队走得到底有多慢，但我们知道蚂蚁爬行的模样。这个隐喻即把蚂蚁的特征变换成了车队的特征。隐喻是通过寻找事物之间暗含的相似性来获得启发性的思考形式。一般来说，当用下列形式思考时，就是在运用隐喻。

(1) 试图通过类比的方法，从一个主题和概念的涉及范围出发，去寻找另一个主题或者概念的涉及范围。

(2) 试图把一个事物当做另一个来看待。

(3) 通过比较或者范围的扩充，把注意力从对一个领域的关注和探究转移到另一个领域去，希望借此可以从一个新的角度使思考的主题更加精彩。

图3-6是以苹果为主题去寻找另一主题的作业。这个练习借助联想，产生非逻辑性的跳跃。从中可以看出，运用隐喻时情感发生的变化，对事物的认识会处于一种模糊、童真的状态，自然而然地放弃利用常规思维方式解决问题的做法，还会把以往存在于头脑深处的各种知识、信息和经验涌现出来。

图3-6　苹果的隐喻/作者：陈燕虹

下面通过设计作品来进一步理解三种广义上的隐喻：有形的、无形的和两者的结合。

（1）无形的隐喻。从一个概念、一个主意、一种人的状态或者一种特质（自然的、社会的、传统的、文化的）带入的隐喻设计。如图3-7所示是来自欧洲设计师的“禅椅”。该作品的概念来自“深远、空无、极简、普度众生”的禅宗思想，通过椅子造型本身以及坐姿传达出对东方文化的隐喻。

（2）有形的隐喻。从一些视觉的或是物质的属性（有外星人模样的榨汁机、像城堡的住宅）出发直接获取的隐喻；如图3-8所示的是像换气扇的CD播放机，只要将CD放进去，拉一下垂下来的绳子，就可以开始播放CD。这个过程就好像打开换气扇一样。把CD播放机做成换气扇的造型，也许会稍稍削弱一些作为音响器材的功能，但正是这种隐喻让听者的感觉变得更加敏锐。

（3）有形与无形的结合。视觉和概念相互叠加作为创作出发点的要素。视觉因素是用来检验视觉载体的优点、性质和基础。如图3-9所示的插座无论在形态还是材料运用与现有产品相去甚远，却唤醒了一种关于细胞分裂生殖的隐喻。设计师在材料专家的帮助下，采用了修补人体的特殊材料，在视觉和触觉上给人另类的感觉，其肉嘟嘟的手感就像丘比特娃娃那样的可爱。

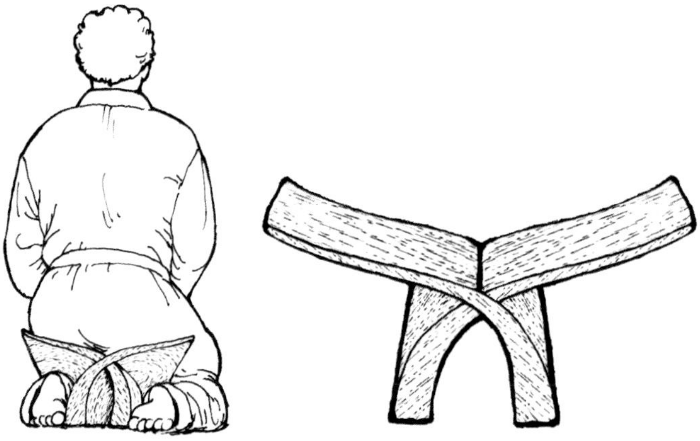

图3-7 禅椅/作者：挪威设计师

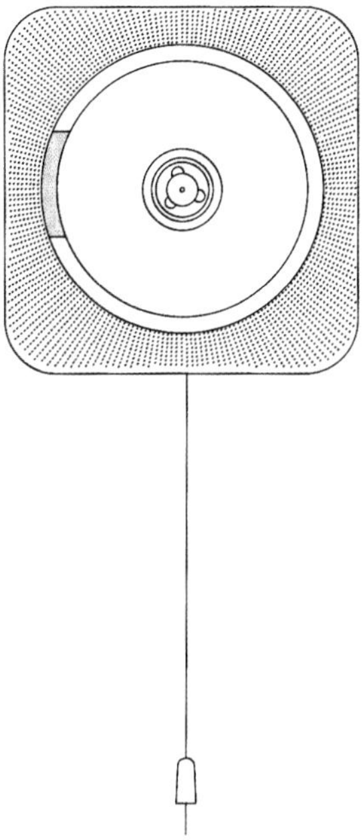

图3-8 CD播放机/作者：深泽直人

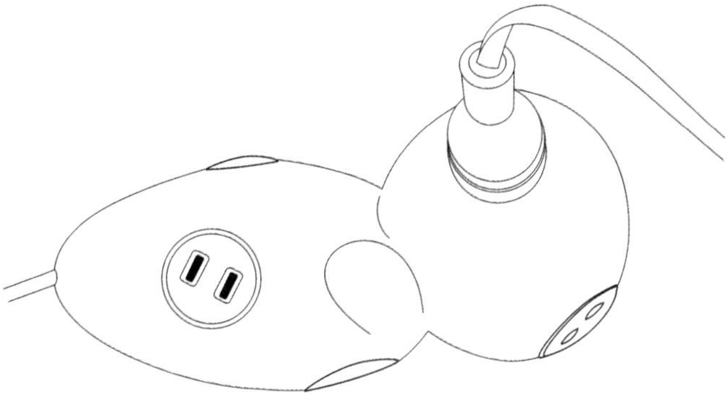

图3-9 妈妈的宝贝插座/作者：玛迪厄·曼区

“提高类比和隐喻能力可以从两个方面入手：一是先记住一种事物的形象，在仔细观察其他的事物，从中发现两者之间的相同之处；二是可以随机选取两个物体，从某一方面进行比较，刚开始会觉得不可思议，甚至荒唐，做久了渐渐就会发现自己的隐喻能力大有进步。运用隐喻的关键是要求思维容忍不相关的事物，模糊事物的界限，要持一种游戏心态。否则，一切类比都无法进行，这是隐喻机制能发挥作用的重要心理条件。”[a]

3.3 师法自然

人们在研究生物的某种特殊能力时，把设计构想与生物功能的相似点作为思考的依据，我们把找出与生物相似点的思考方法称为仿生类比。仿生类比区别于其他类比方法，它不是以一物推断另一物，而是以一物创造另一物。如图3-10是英国建造的可开合的桥梁。这是仿生设计的经典之作：以人的眼皮作为类比模型，桥的曲面提供了结构上的稳定性，就像人的眼皮一样。当眼皮被关上时，吊桥就放下来，行人和车辆可以通行；当有船只要通过时，眼皮就张开。

a 罗玲玲.建筑设计创造能力开发教程[M].北京：中国建筑工业出版社，2003：103.

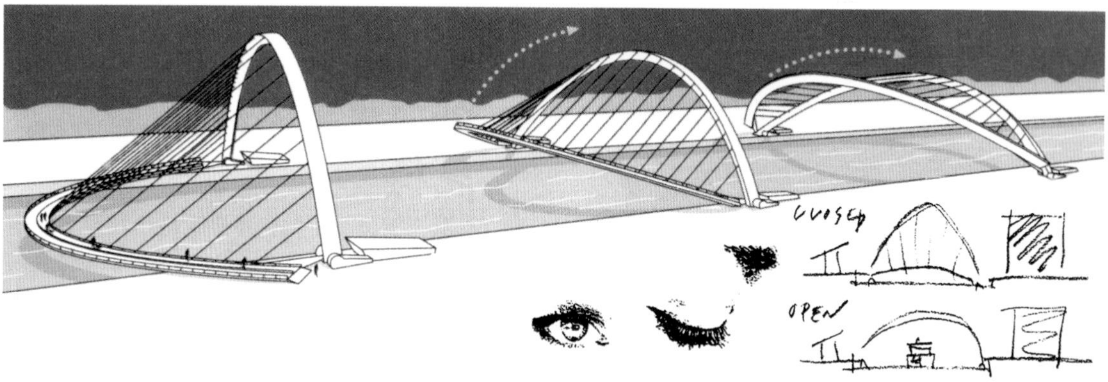

图3-10　基于对“眼皮”的仿生设计——盖茨黑德千禧桥设计方案与草图

在人类历史上，可以说有相当一部分人造物是对自然万物的模仿，但作为一门完整意义上的仿生学却只有五六十年的历史，是专门研究如何在工程上应用生物功能的学科。仿生类比思考法则是对仿生学的应用，把生物的结构、功能和形态应用在产品设计中。下面就这三种仿生类比设计进行介绍。

（1）结构仿生。生物结构是自然选择与进化的重要内容，是决定生命形式与种类的因素，具有鲜明的生命特征和意义。结构仿生是通过对自然生物由内到外的结构特征的研究和启发而提出新的设计方案。瑞士工程师乔治·梅斯特劳一天回家，发现自己的外套上以及狗毛上沾满了牛蒡草，于是他取下其中一根，在显微镜下仔细观察，发现它的表面布满了小钩。这给了他极大的启迪，他开始设想两条不同的织物制造一种新型的纽扣——其中一条上面布满小钩，而另一条则织满小圆圈，对起来一压，它们就能紧紧地粘在一起了。梅斯特劳把它的发明叫做“维可牢”（velcro），这个名字是两个法语词velour（丝绒）和crochet（钩针）组合而成的（图3-11）。

图3-11　尼龙扣

（2）功能仿生。生物在长期进化中已形成极为精确的生存机制，使它们具备了适应内外环境变化的能力。功能仿生是在研究生物体的功能原理基础上改进现有的技术系统，在仿生学和产品设计之间架起一座桥梁。举个例子：在开发超音速飞机时，设计师们遇到一个难题，即所谓“颤振折翼问题”。由于飞机航速快，机翼发生有害的颤动，飞行越快，机翼的颤振越剧烈，甚至使机翼折断，导致机毁人亡。这个问题曾经使设计师绞尽脑汁，最后终于在机翼前缘安放一个加重装置才有效地解决了这一难题。使人大吃一惊的是，小小的蜻蜓在三亿年前就解决了这个问题。仿生学研究表明：蜻蜓翅膀末端前缘都有一个发暗的色素斑——翅痣。翅痣区的翅膀比较厚，蜻蜓快速飞行时显得那么平稳，就是靠翅痣来消除翅膀颤振的（图3-12）。

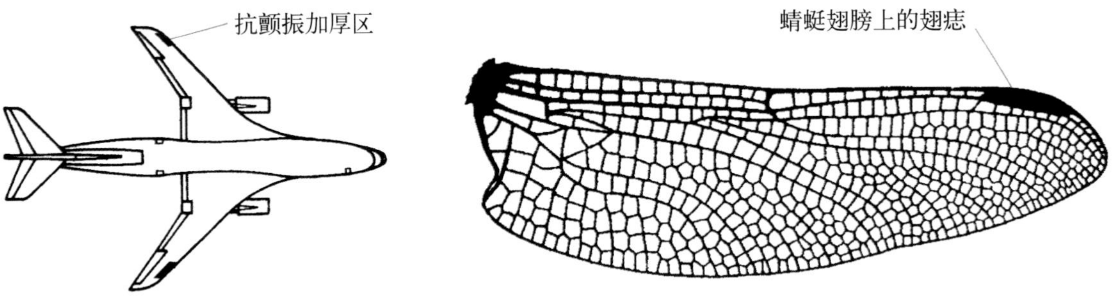

图3-12 飞机抗颤振加厚区与蜻蜓翅痣

（3）形态仿生。它是指对生物的整体或某一部分形态特征进行模仿，并用于产品造型设计中。经典作品如“苍鹭台灯”（图3-13）在外形上把苍鹭的特征捕捉得惟妙惟肖。我们从图中可以看出，日本设计师在灯罩、连杆和灯座三者之间通过机构连接，巧妙的和生物原型的头、身和腿之间的关节一一对应。即使在使用过程中所产生的形态变化也与苍鹭的行走姿势有某种神似。最显著的特点，不管台灯的高度定位在哪个高度，灯的照明始终与桌面保持平行。

图3-13 苍鹭台灯

课程实训题 1：动作解构

要求：在网上、图书资料中收集生物资料，以“咬”“握”“抓”“跃”“跳”“游”等动作为主题，并以图解形式收集在速写本上。在收集生物资料的基础上，设计制作一个生物动作解构模型。注意这里的模型不是生物标本，要求对资料进行充分研究和提炼后，对生物在逃跑、追踪、注视、瞭望、惊恐、翱翔等状态进行捕捉，并应用适当的材料作出表达（图1-14至图1-18）。

图3-14　动作资料收集/作者：张渝敏

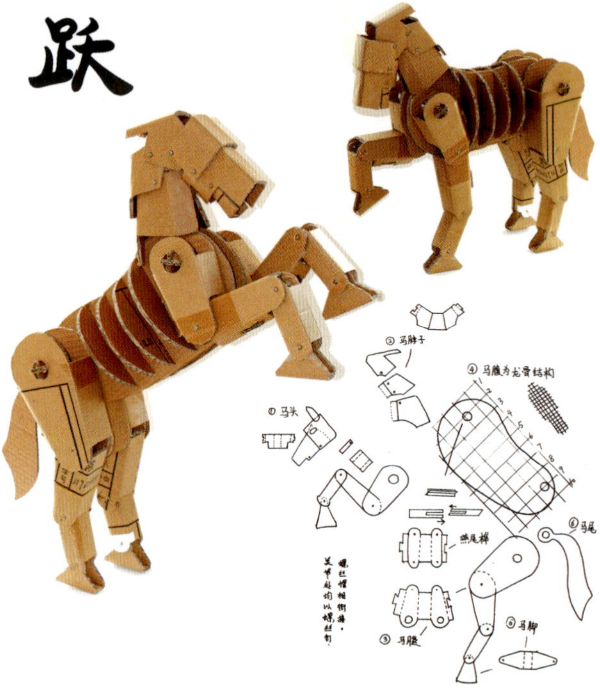

图3-15　跃/设计：范则敢

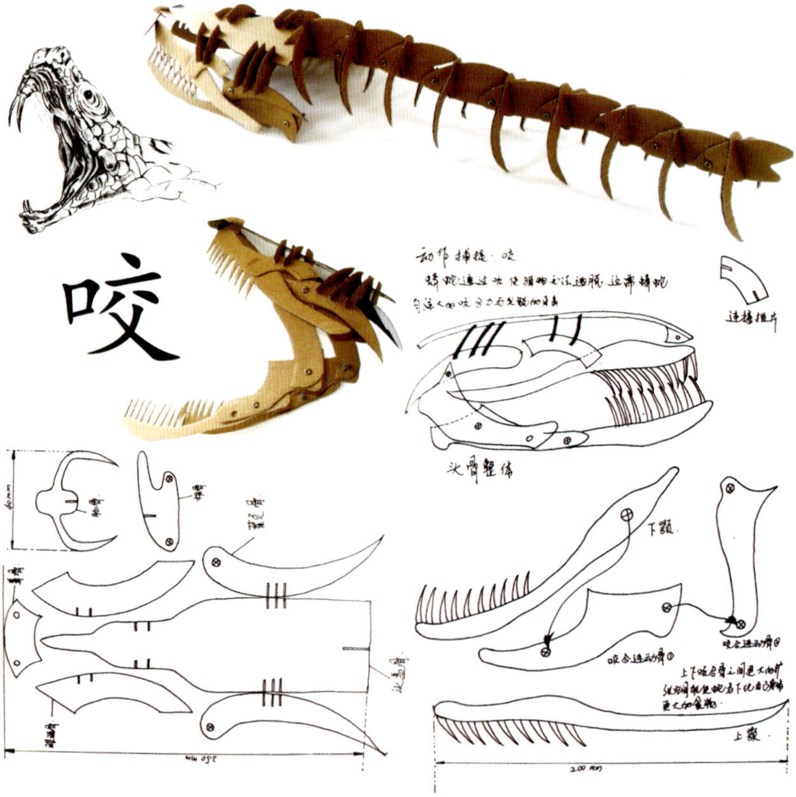

图3-16　咬/设计：金伟杰

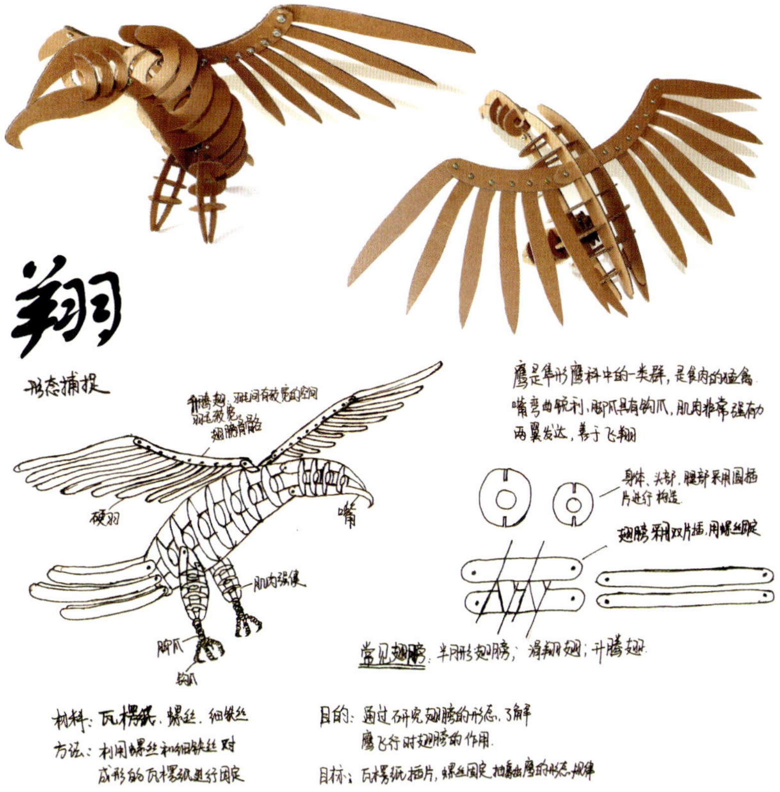

图3–17 翔/设计：何城坤

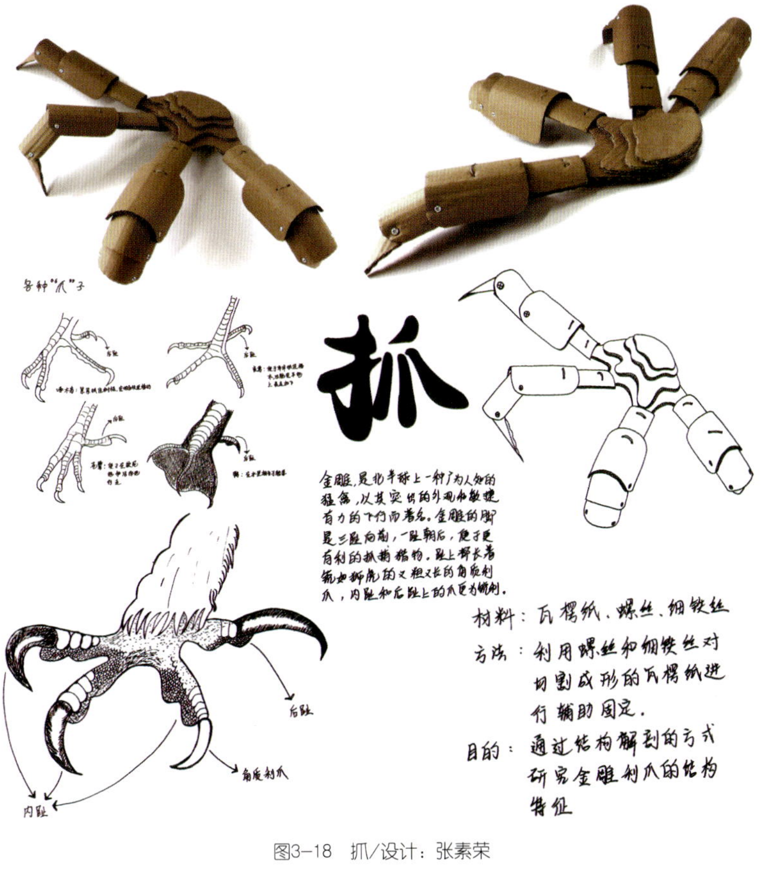

图3–18 抓/设计：张素荣

课程实训题 2：仿生剪刀

要求：模拟生物的某个结构作剪刀创新设计。a.剪刀的思维导图（图3-19和图3-20）；b.模拟生物的某种结构、功能、形态进行剪刀设计（图3-21和图3-22）；c.根据自己的手型设计制作剪刀模型（图3-23）；d.制作一份设计说明书。

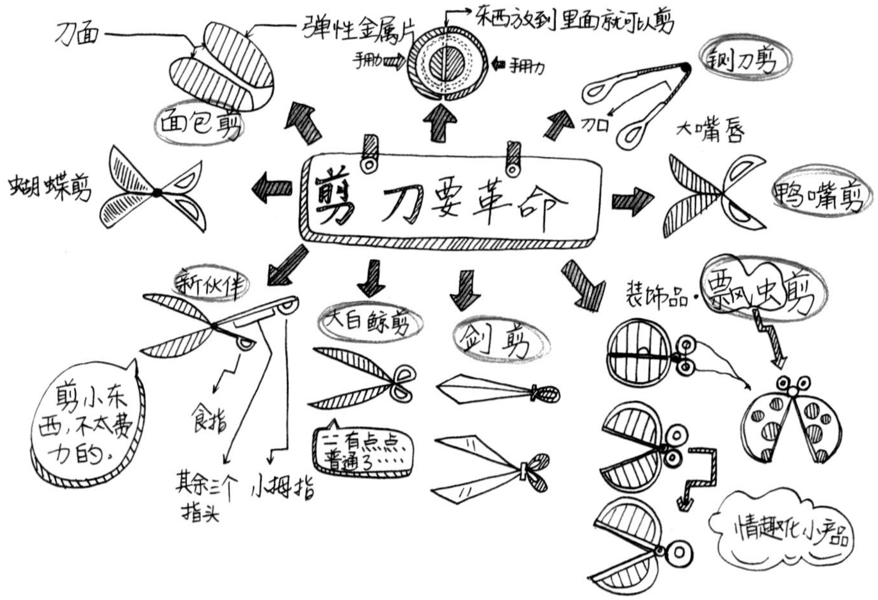

图3-19　剪刀要革命/设计：沈也

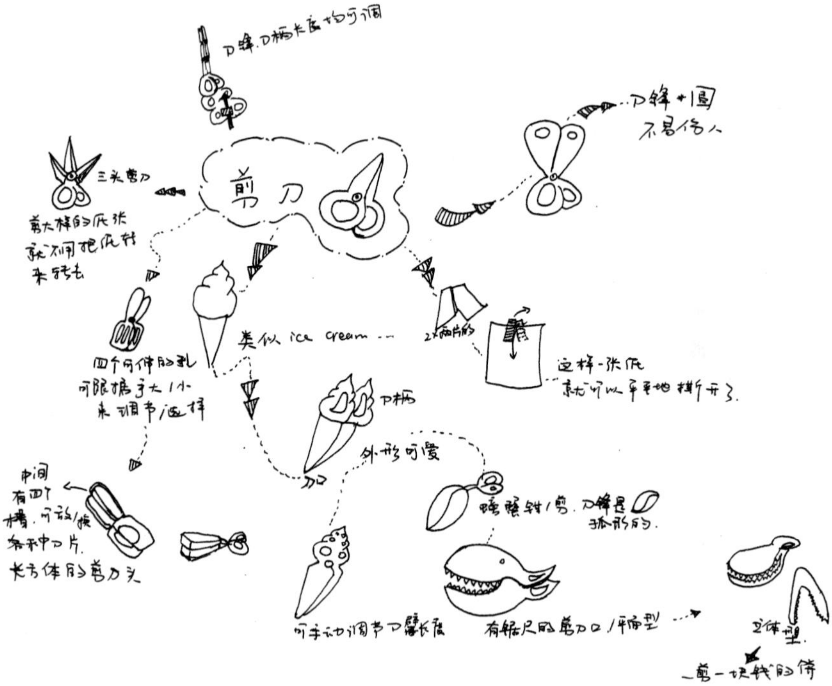

图3-20　剪刀的思维导图/设计：吕静

图3-21 仿生剪刀/设计：张旗峰、翁庆棣、郑骞、詹佳辉

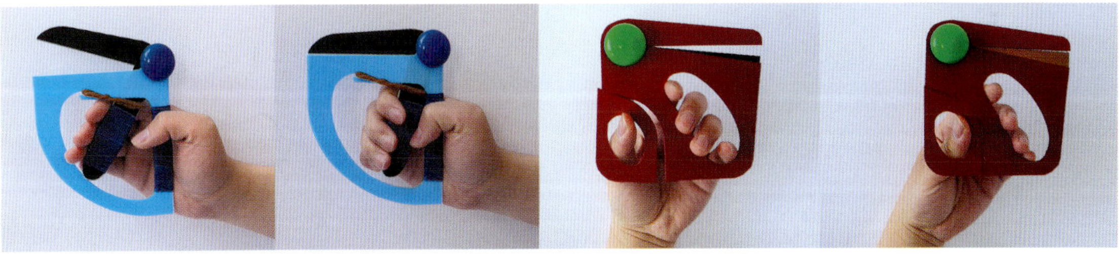

图3-22 仿生剪刀/设计：龚丽娟、张玉冰

图3-23 根据自己的手型设计模型

思考与延伸阅读

思考题1：根据下列题意作类比图解。

要求：图解答题，没有标准答案，答案越多越好。

（1）什么车像条蛇？

（2）什么车像大象？

（3）什么动物像挖土机？

（4）什么动物像货运车？

（5）什么动物像战车？

（6）生物的哪些品质值得人类学习？

思考题2：根据下列题意作隐喻图解。

要求：把两个看起来没有什么关系的事物联系起来，在“相似性”中发现隐喻。

（1）杭州的保俶塔和竹笋哪个更挺拔？

（2）时装模特走的“猫步”和游动的金鱼哪个更优美？

（3）气球和蜻蜓哪个更轻盈？

（4）压路机和大象哪个更笨重？

（5）变形金刚和大卫雕像哪个更酷？

（6）石子路面和鳄鱼皮哪个更粗糙？

思考题3：模拟生物结构作设计构思。

（1）模拟植物花冠的结构设计一个灯具。

（2）模拟树的结构设计一个晾衣架。

（3）模拟贝壳的结构设计一个座具。

延伸阅读

（1）[英]约翰·劳埃德，约翰·米奇森．动物趣谈[M]．杨红珍，译．南宁：广西科学技术出版社，2008．

（2）刘道玉．创造思维方法训练[M]．武汉：武汉大学出版社，2009．

（3）[英]特瑞·霍尼，西蒙·伍顿．大脑训练法[M]．姬蕾，译．天津：天津教育出版社，2009．

第四章　概念判断

教学目的

1. 学会从概念生成的源头导向解决问题的目标；
2. 学会提取概念，并找到合适的概念层次，并能强化和挑战概念；
3. 学会完整记录思考过程中的成果。

教学方式

1. 基础理论知识讲授和课堂训练；
2. 多媒体演示教学。

教学要求

1. 了解概念思维的理论，能灵活运用概念，掌握概念提取的方法，提高思维的灵活度；
2. 作为积极的引导者，教师要促使学生独立判断和思考；
3. 学生要利用大量课外时间去图书馆、上网搜寻案例资料。

教学框架

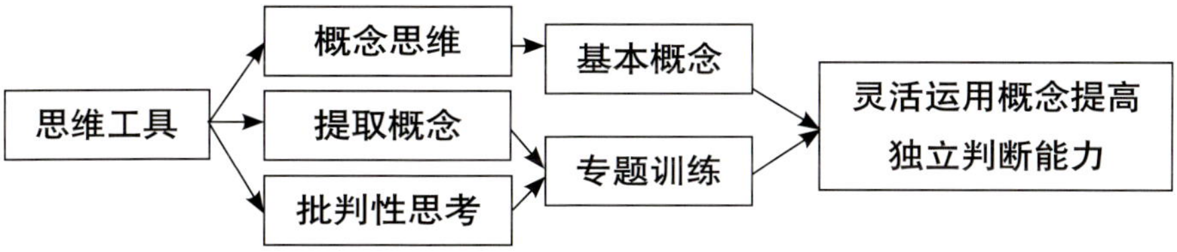

4.1 概念

所谓“概念”，是反映对象本质属性的思维方式，它包含了一个等级中的每个成员共同具有的属性。比如“椅子”的概念适用于所有椅子的一种观念。事物和属性是不可分离的，属性都是属于一定事物的属性，事物都是具有某些属性的事物。脱离具体事物的属性是不存在的，没有任何属性的事物也是不存在的。

概念不仅涉及“是什么”，而且涉及“可能性”。举一个大家都知道的例子：早期的计算机需要用二进制编码形式写程序，这种形式既耗时又容易出错，更不符合人的习惯，大大限制了计算机的广泛应用。直到20世纪70年代末，“窗口”“菜单”等概念引入计算机用户界面设计，才启动了个人计算机的蓬勃发展。“窗口”“菜单”和“计算机操作”在这以前是风马牛不相及的概念，正是通过概念重组形成新概念，这是“概念设计”的典范。所以说，涉及可能性的概念可以使想象超出现实世界，并激励人们去接近理想，人类最伟大的心理成果都是通过概念产生的。

在设计过程中会面临各种判断，最初的判断会在很大程度上影响最终的结果。判断的过程就是将现有概念重新组合，形成新概念的过程。用概念思考就是由概念形成命题，有命题进行推理和论证，这是逻辑思维的重要特征。但是，我们面对的是“有秩序”“规范化”的现实世界，由人类自己产生的概念一方面使我们以“井然有序”的生活，另一方面也束缚着人的思想，使已有的概念固定在相对应的事物上，所谓创意在很大程度上是打破这种秩序，重新找出事物之间的“潜在相似”之处。面对纷乱的信息及不同事物找到它们的共同点，就要运用概念思维在看似不同的事物上找出相同的特征。我们不妨尝试一下：能否从下列三组词汇之间找出相同的特征？

（1）麻雀和松树。

（2）鸡蛋和香蕉。

（3）省长和杂技演员。

麻雀与松树之间外形尺寸上的巨大差别混淆了这样的事实：即它们都是生物体。一般说来，人们在发现第一个相似点之后就不再继续寻找其他相似之处了。

鸡蛋和香蕉都是可以吃的食物，因此就隐藏了它们之间不够明显的共同点：它们都被大自然很容易地包裹起来。

省长与杂技演员之间有什么共同点呢？他们都是有工作的人。我们思想中的自然趋势是注重差异，因此也就封闭了找寻共同点的能力。而这样的共同点其实就是概念。

概念形成的一般方式是：通过收集材料，找出材料之间的联系。这种联系常常是建立在空间或时间上的相互接近的基础上。所有必须要汇集在一起的这些属性构成为一个概念。比如说：

（1）一个群体。

（2）被婚姻、血缘的纽带联合起来。

（3）以父母、兄弟姐妹的社会身份相互作用和交往。

（4）创造一个共同的文化。

这些属性就组成了“家庭”的概念。人们从旧的概念里发现或增加新的属性，就会继续不断地构成新的概念。

概念形成的另一种方式与前一种方法正好相反：主观意识到可以省略某些属性从而构成只包含某些基本属性的另一等级。比如，以前在一般人的概念中没有“家用电器”作为一个等级来称呼的名字，只有电风扇、冰箱、洗衣机的具体名称。后来人们才把这类属于共同属性特征的用品统称为“家电”这一概念。这个概念适用于所有包含这些属性的家电产品，其成员是：

（1）家用的。

（2）电器。

（3）电子产品。

美国心理学家阿瑞提在《创造的秘密》一书中指出：“① 概念给我们提供了一种或多或少的完整描述；② 概念使我们可以去进行组织，因为各个不同的属性或组成部分表现出了一种合乎逻辑的内在联系；③ 概念使我们能进行预言，因为我们能推论一个概念当中的任何成员所发生的情况。随着时间进展，概念就越来越成了我们高水平的心理结构。”[a]比如，“家庭”的概念随着时代的发展会不断有“新概念”产生。如“丁克”，亦即DINK，是英语Double incomes no kids的缩写，直译过来就是有双份的收入而没有孩子的家庭。“丁克族”的概念：比较好的学历背景；消费能力强，不用存钱给儿女；很少用厨房，不和柴米油盐打交道；经常外出度假；收入高于平均水平。如果在房地产开发中加入了这个概念，就成了“丁克房产”。只要在房产广告上打上这个概念，人们就一下子就清楚了这种房型的特点，譬如说厨房小、客厅大等。

在日常生活中，我们要养成对所见所闻保持兴趣的习惯，并把注意力集中在有趣的概念上，这些概念就是那些看似不同的事物上所体现出的共同点。特别要记住在不同的场合看到相同概念。从不同领域里识别出概念，增强运用概念进行设计思考的能力。譬如，应对“时间”的概念，往往用“钟表”来衡量，人们在技术和形式上一直为描述精确的时间概念而不断创新。但是下面两个计时器方案却和“精确”一词少有关系，而是从概念上挖掘富有哲理的内涵，包括时光概念。

图4-1的作者提出了究竟什么是“时间”的确切含义？12个片断？12种行为？12种情感？12种体验？12个值得怀念的记忆，还是12个已经逝去的时刻？作者设计了一种“衡量逝去”的感应式装置，引发人们对闲置时间的重视。它看上去像个蚊香，每一块单色的区间象征一段时间，提醒人们抓紧时间，每做一件事都有自己的时间，每个错过的区间就意味着所错过的机会。而“杯中的时间”是对时间另一个概念的挖掘（图4-2）。它以“沙漏计时器”的方式衡量时间。每当人们把瓶子颠倒后，都会由衷地感到里面的物质在下泄的同时，时间也随之流逝。抽象的时间仅被使用它的人去理解：煮熟一个鸡蛋用两分钟的盐；沏好一壶茶用三分钟的砂糖；接听一个电话要用五分钟的咖啡豆……瓶子的两端都有开口，打开盖子人们就可以拿到里面的东西。只需拿一套盛香料的容器或者是一些和蜂蜜、果酱一样黏稠的食品，这个时间容器可装人们喜欢的任何东西。

图4-1 时间片段

a [美]西尔佬·阿瑞提.创造的秘密[M].沈阳：辽宁人民出版社，1987：113.

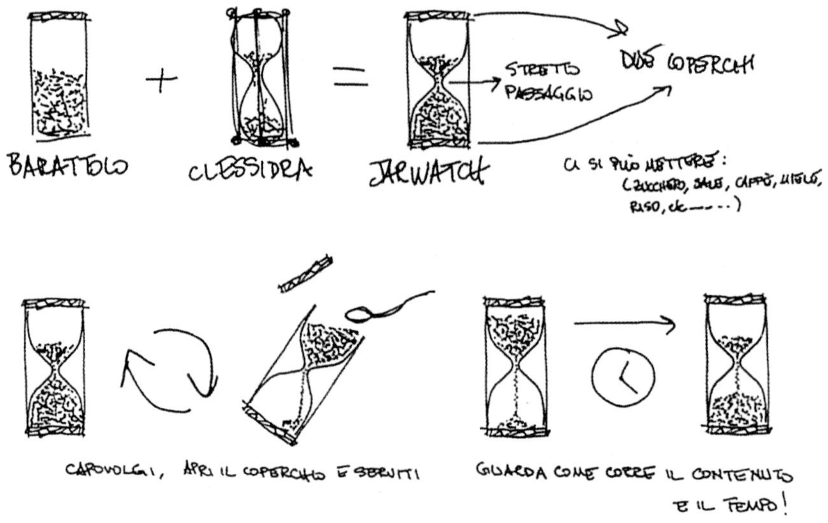

图4–2　杯中的时间

课程实训题 1：图解概念

要求：从社会科学及日常生活中任选四个概念作图解说明（图4-3至图4-6）。

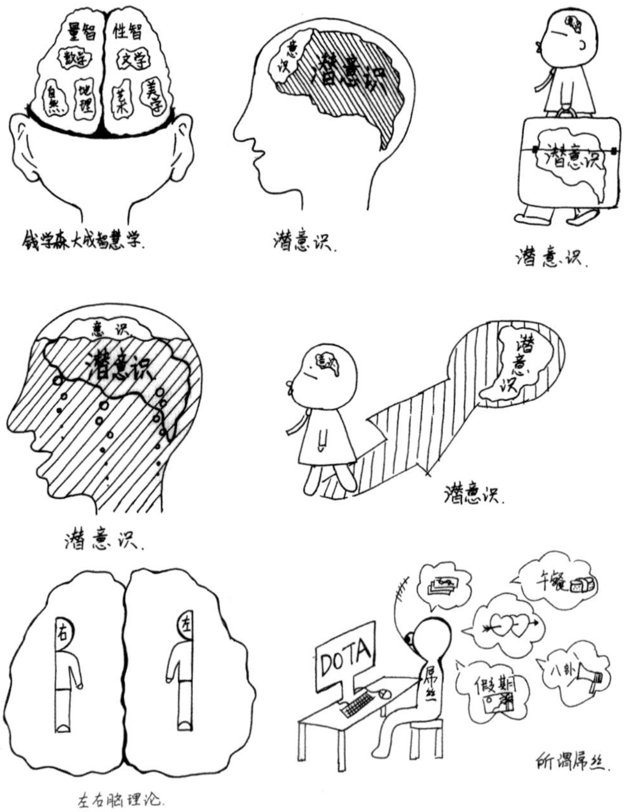

图4–3　图解概念/设计：欧婕

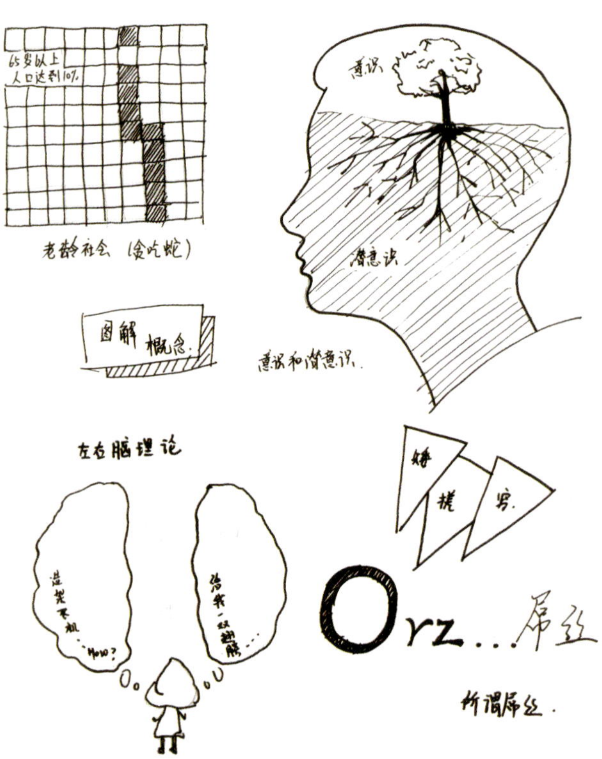

图4-4　图解概念/设计：邱海霞

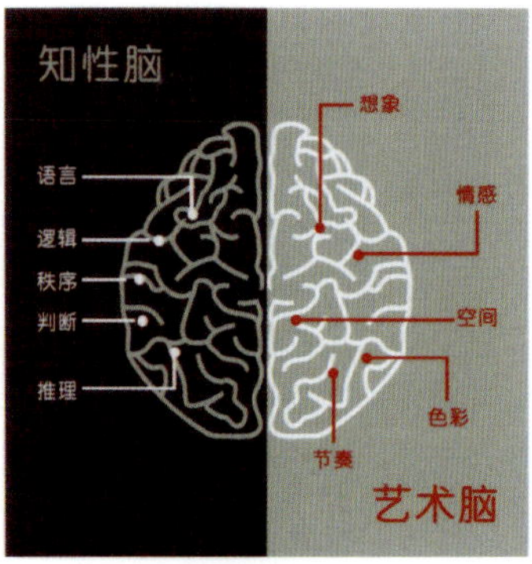

左右脑理论

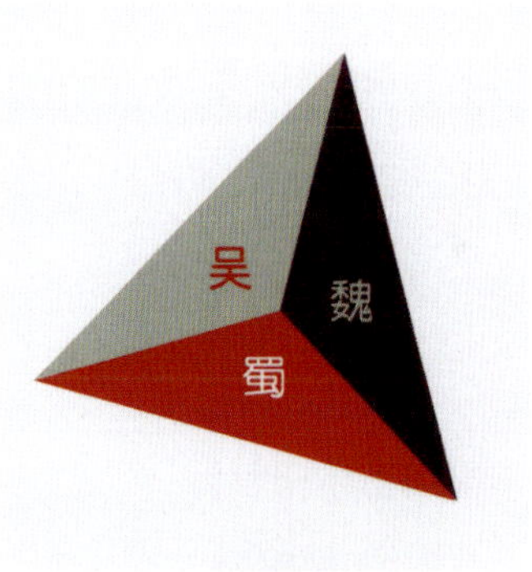

三国鼎立

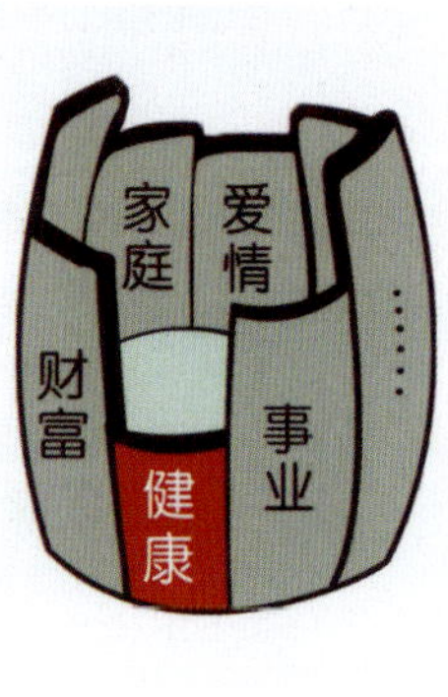

生命的质量

屌丝与高帅富

图4-5　图解概念/设计：张渝敏

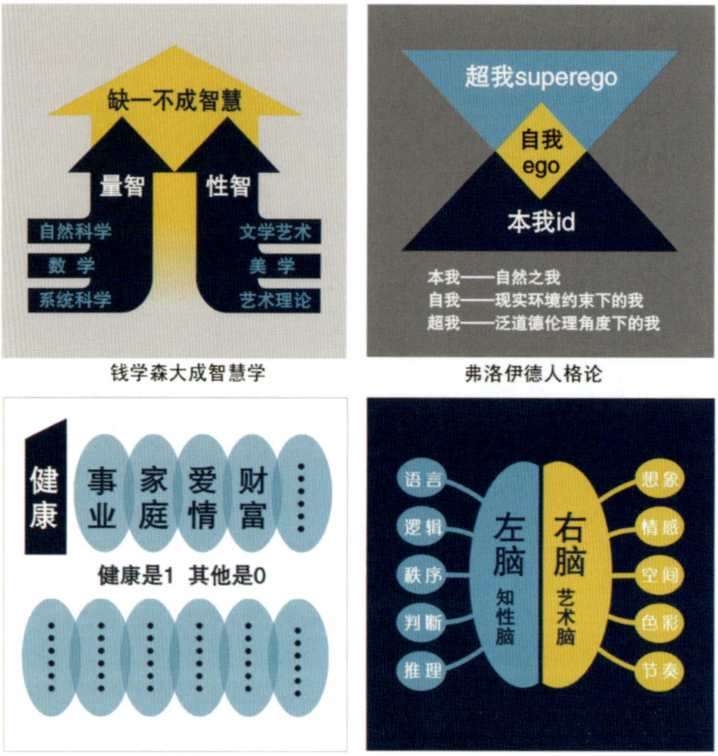

钱学森大成智慧学　弗洛伊德人格论

生命的质量　左右脑理论

图4-6 图解概念/设计：吴立立

4.2 概念提取

从前面的例子可以看出概念设计的含义。设计者由概念形成命题，再由命题进入设计思维。而不同的人在同一事物中可以看出不同的概念，提取清晰可见的概念是关键，也是创意设计的重要手段之一。

当我们对某一事物提取概念时，可以有意识地改进和强化概念，去除错误的和含糊不清的，提炼出具有特质的东西。明确了概念的内涵、外延和价值后，就可以根据需要试着去改变和挑战概念。譬如在提取“快餐店”的概念时，不妨先提出这样的问题：

——区别于一般意义的餐饮店，快餐店存在什么样的概念？

——快餐店本身体现了什么概念？

接着就会出现这些所谓“快餐概念”——“快速就餐”“便宜”“标准化的品质和价格”“儿童过生日的场所”等。当然还可以根据个人独特视角提出更多的概念，如“儿童食品”等。

接下来就可以挑战这些概念：

先挑战“快速”的概念——在为那些有需要的顾客保持“快速就餐”的同时，可以让其他顾客停留更长的时间，以便消费更多的食物和饮料，以增加更多的利润。

再挑战“便宜”的概念——“便宜”如今已受到了快餐业的普遍挑战，有些快餐店的食物也很贵，甚至有海鲜、珍禽，以及不便宜的特色食品。

由此看出，概念就像是十字路口，站在中间来选择路径。这就是为什么概念可以作为一个观察点来创造备选方案的原因。其要点如下。

（1）观察一个事物时，可以透过现象观察其中蕴含的概念，甚至存在好几个不同层次的概念。

（2）不必陷入对不同层次概念的判断之中，只需找出各种可能的概念，然后提取看上去最有价值的概念。

（3）概念有一般的、非具体的和模糊的特点。提取得太具体，反而限制了概念的有用性。

（4）要找到最有用的概念层次，只需凭借感觉，通过“上下扩展”对所选择的概念进行多次定义来寻找最为合适的描述。

如图4-7所示，对“快餐店”提取的概念层次。通过对概念的上下扩展，可以找到处在某个有用的概念层次上。虽然概念有多层次性，通过搜寻各种可能性，提取看上去最有用的那一个。

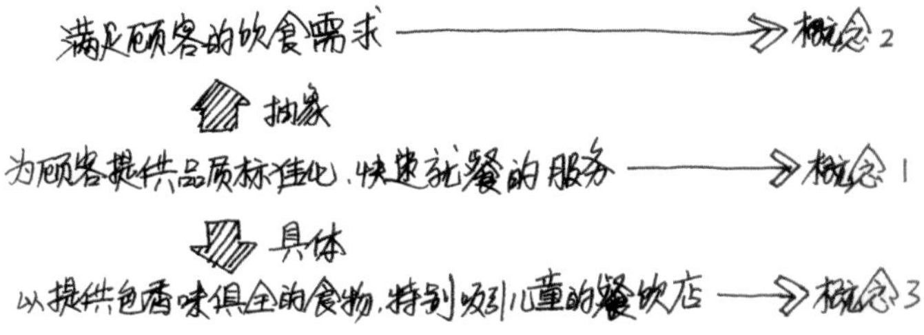

图4-7　概念层次

我们不妨再对“快餐”进行概念思考。众所周知，洋快餐在中国大陆已呈独霸天下之势，国内餐饮界在近20年内相继出现过几十家各种名目的品牌快餐店，对于快餐的概念诸如“快速就餐”“便宜”“标准化的品质和价格”，国内企业基本能做到，但还是难敌洋快餐。究其何因？有人分析说我们只学了些表面的东西，深层次的如“管理理念”还是不得要领。除此之外，洋快餐的一个特点就是尽全力迎合儿童。这一点在做概念层次分析时就提到了“特别吸引儿童的餐饮店”的概念。仔细观察洋快餐的食品，几乎都是让儿童一看就喜欢，就想吃。从外观、颜色、味道上都在吸引儿童，大多数儿童一看到那样的食物就迈不动腿了，尽管家长想把他拉走也是徒劳之举。虽然有媒体指责洋快餐为垃圾食品，但是儿童不看成人世界里的文章，视觉和味觉给他们提出的是直接的需求。

儿童喜欢的东西和成年人是完全不一样的。打开电视机，成年人感动得直落泪，儿童无动于衷；让儿童感动的东西，家长们早就感动过了。近年来，中国菜享誉全世界，但不一定得到全世界儿童的认可，无论是宫保鸡丁，还是清蒸鲈鱼，都是成人世界里的最爱，但不是儿童食品。快餐店里的食品既区别于零食，又能吃饱肚子，而且让儿童看到那个颜色，闻到那个香味，立刻就能喜欢上。至于家长是否喜欢没有关系，目标客户就是儿童。洋快餐吸引儿童的另一招就是就餐环境，装修得像儿童乐园，小孩子一看到里面有吃又有玩就想进去，甚至还可以在里面开生日聚会。

当然，快餐的概念就是“快”。洋快餐的标准化配料、标准化操作保证了效率。虽然是儿童食品，成人并不一定太爱吃，但是，在市场经济环境下人们工作紧张，吃饭也成了需要快速解决的问题。洋快餐的操作程序、服务态度和就餐环境让人产生信赖感。虽然是儿童食品，也就成了白领阶层不错的选择。

从这个案例中可以看出，提取的功能性概念对创造性思考更有意义。功能性概念可分为目的概念、原理概念和价值概念。还是以快餐为例：

（1）快餐的目的概念——可以满足人们快速用餐的需求。

（2）快餐的原理概念——通过标准化的配料、操作和管理，保证了食物品质和及时供应。

（3）快餐的价值概念——可以在较短时间内解决用餐问题。

三种基本概念类型扩展了多方位思考的空间，但不是目的，也不是在寻找"正确的"概念，而是通过尝试不同的概念描述，找到有价值的备选方案。

课程实训题 2：五金工具概念设计

要求：五金工具的创新设计包含两个方面：功能创新和概念创新。前者需要设计者对工具有深刻的理解和一定时间的使用经验；而概念设计却可以借助于概念所涉及的"可能性"进行各种组合。如把"五金工具"加上"奢侈""女性""可持续"等不同的概念，就能派生出许多不同的产品设计概念："豪华礼品工具套装""女性工具""绿色工具"等（图4-8至图4-10）。

图4-8　五金工具的设计概念

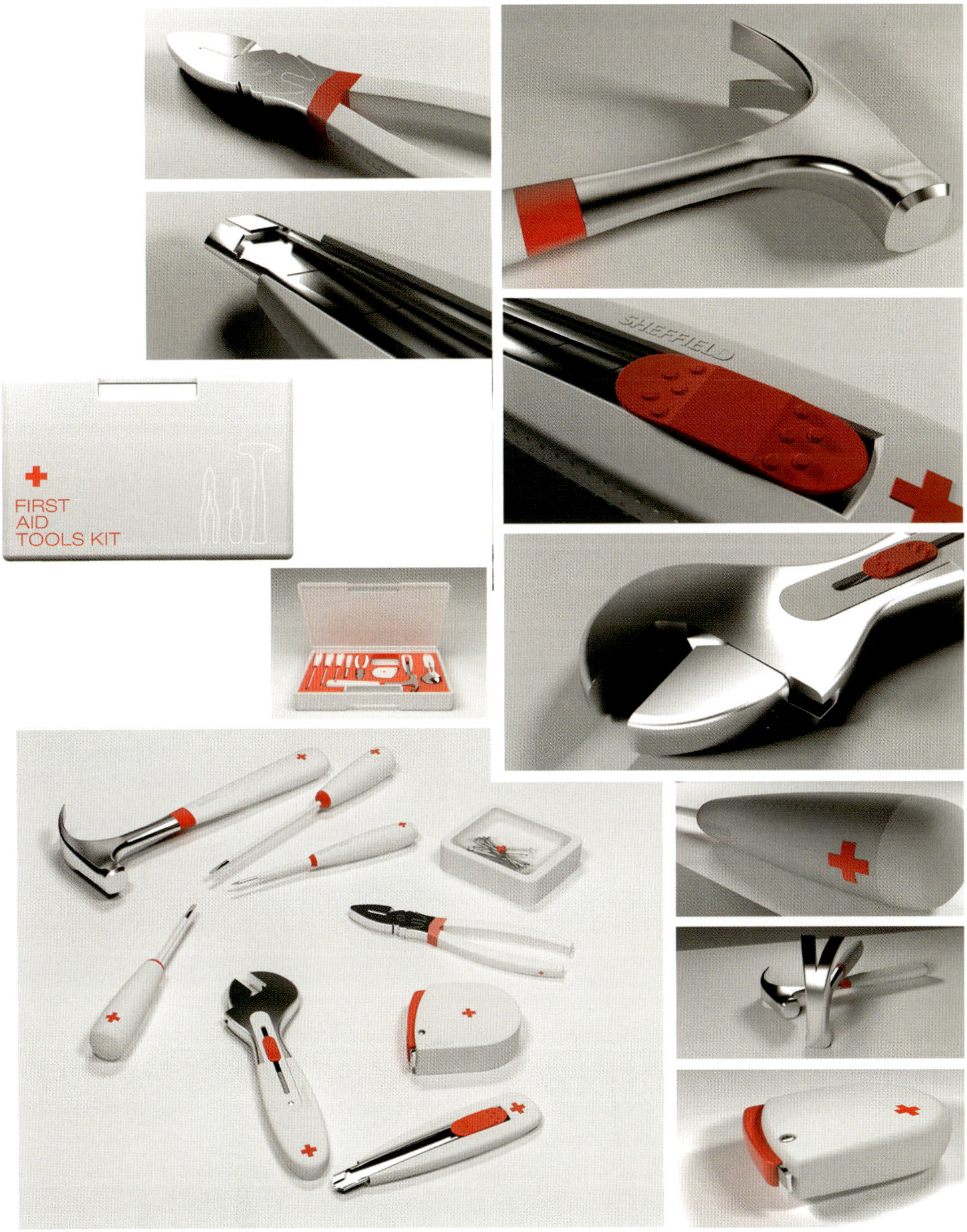

图4-9　可持续/设计：王贤凯、邓森、李萍、章徐涛、朱虹珍

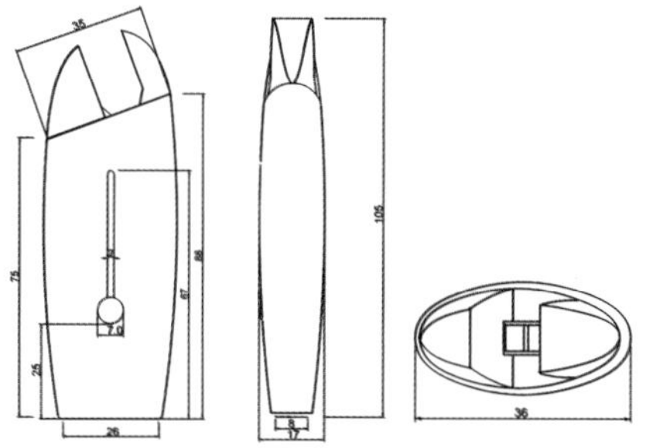

扳手

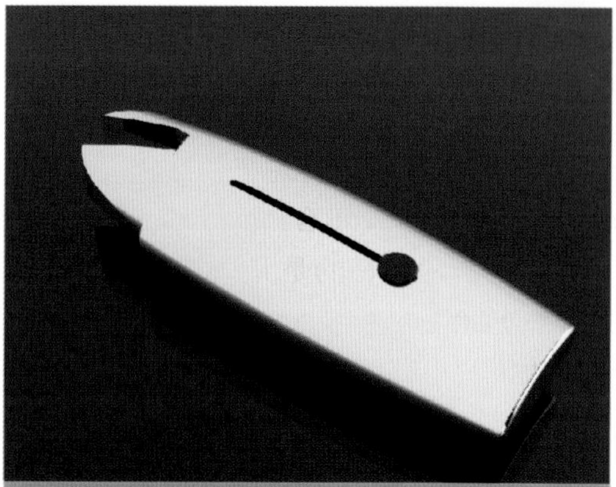

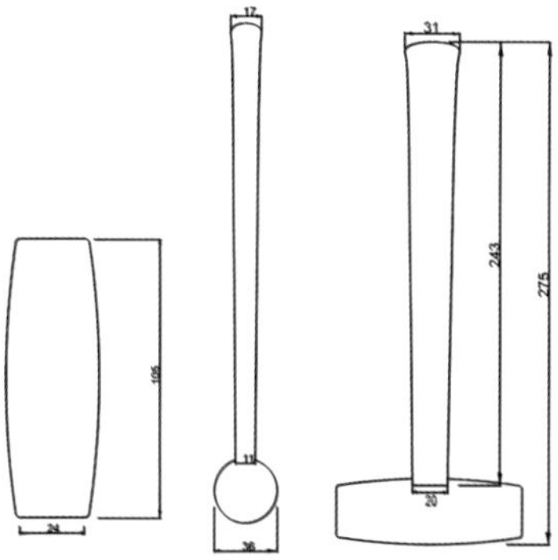

锤子

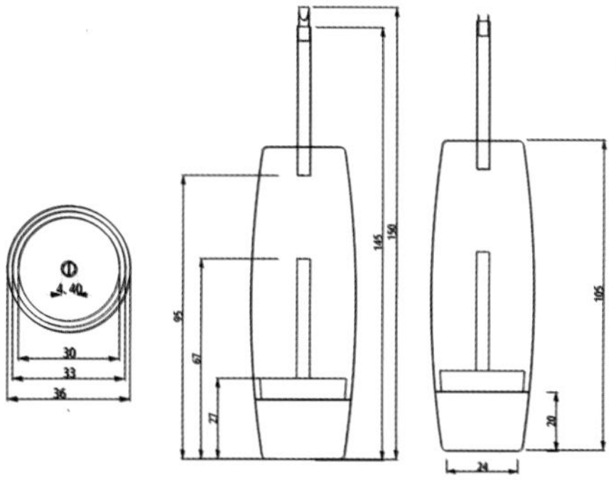

螺丝批

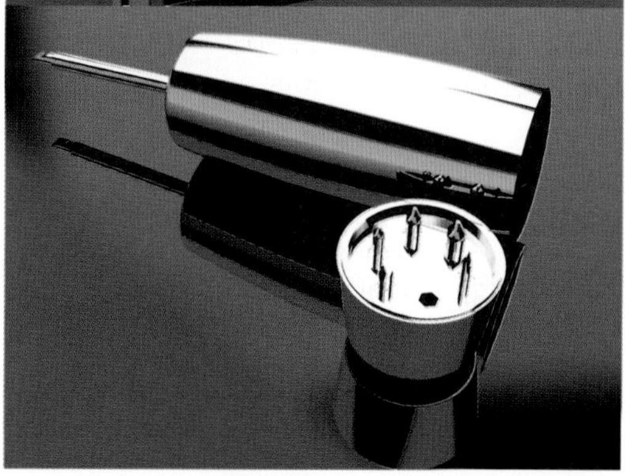

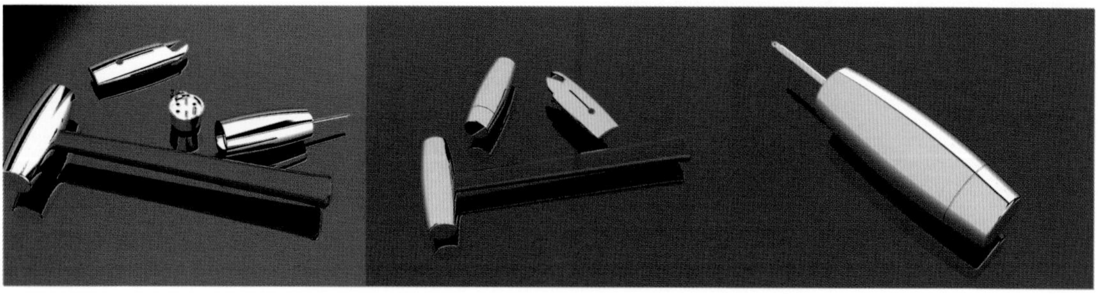

图4-10　酷-技术/设计：严溢飞、冯春峰、王嘉轩、田丹萍、汪秋丽

4.3 批判性思考

好的创意思考应该包含两个部分：产生想法的创造性思考和评价想法的批判性思考。我们往往注重前者，而忽视后者。这里的“批判”一词是中性词，其中包含了相信什么的价值判断。如果说前面几章谈到的创意思考调动的是感性思维能力；那么，批判性思考则是运用理性思维对创意作出合理性的判断。

创意思考的目的是寻求更好的、独特的解决问题的方法，再好的创意也不可能是完美的，总有改进的地方。批判就是检讨、提升的过程，也是上下沟通、征求不同意见的过程。从新政策颁布到新产品开发，都要有一个批判过程。譬如政府要颁布经过专家认证的、改善市容环境的新政策，如果没有经过民众广泛的批判讨论的过程，再良好的愿望也不一定得到民众的广泛支持。尽管在批判性思考阶段是在寻找缺点，发现新问题，我们也不应该看做是消极的、负面的、“找茬性”的工作，而应该看做是积极、正面、朝着更好方向解决问题的必要途径。我们可以对上一节的“五金工具的概念设计”作以下的批判性思考。

（1）五金工具的设计方案是如何解决用户需求的？列出所有在使用过程中的步骤和重要细节。

（2）在使用过程中会出现哪些困难？如何克服？

（3）市场会用什么样的理由来拒绝这样的设计？作出哪些改进才能使用户乐意接受这个设计？

（4）作为设计者，怎样说服制造商相信这个设计的市场价值？具体而言，采用哪些表述来呈现这个设计？

如果仔细面对这些问题，会检讨最初对这个设计的概念是否合理，随着设计的展开会遇到各种问题，不知不觉背离了最初的设计理念。当遇到解释不清楚的问题时，甚至会感到不自信。“怎么能指望我解决所有的问题？这是不可能完成的任务！”如果连自己都说服不了的事，怎么去说服别人？这就是批判性思考的作用。正是这些问题帮助我们对设计作出重新评估。并试着把新产生的问题进行重新调研，再提出解决问题的办法。

我们可以把批判性思考看做是一种反思过程，用以检验各种观点、设想、主张和设计等。2013年浙江省大学生工业设计竞赛主题就是一个颇具批判性、引人反思的“设计思考题”。竞赛主题是：度——再设计。其主题诠释：当今是一个信息化、全球化飞速发展的时代，日益膨胀的物质文明在丰富人类生活的同时，也引起了社会文明、生态环境、历史传统、工作生活等方面的诸多问题，迫使我们针对这些问题进行不同程度的审思，诸如很多产品存在着“度”的缺失，或设计过“度”，这就需要我们用“度”的视角去重新审视这个世界，古语云，“信为能人，智为能度”。在设计学范畴，“度”是价值体系与价值范围，亦指设计评估与设计评价。因此，“度”完整地包含了人类设计中最重要的两种行为：目标确立与结果评价。 迄今为止，我们解决自身生产与发展进程中的所有方法与手段，都建立在既有的所有认知与科技成果的基础上，它们既成就了今天丰富多彩的物质辉煌，也处处呈现出“度”外的非人性精神遗憾。通过设计去唤起人们对于“度”的关注，它不仅蕴含着提升与改造的巨大可能，也启示着创新和创造的无限空间，以智慧的头脑和创新的思维，为人类创造一种美好的生活方式，达到“人—产品—环境”的无量境界。图4-11所示为参赛作品。

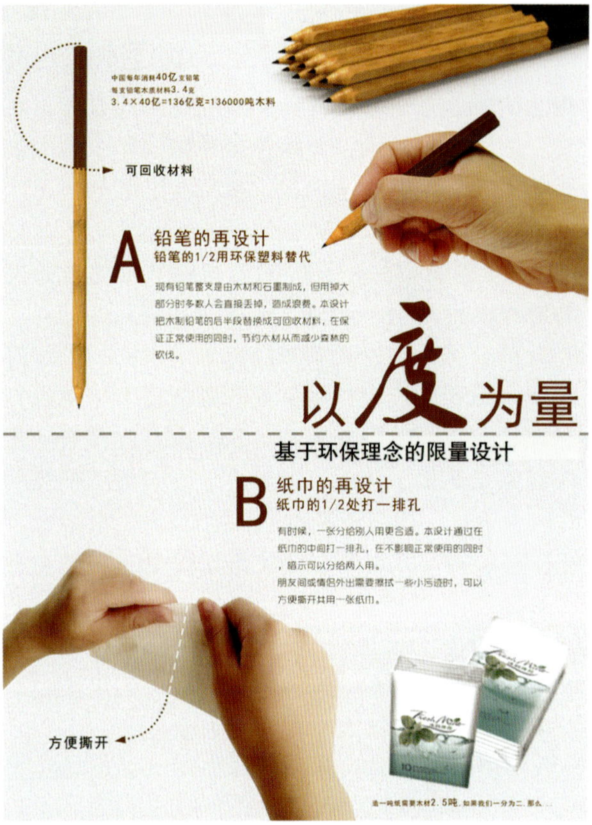

图4-11　以度为量——基于环保理念的限量设计/设计：吴乙嘉、范一涵、杨新英

好的思考能力是建立在好的思维品质基础之上的，好的思考应当具备五项品质，即清晰性、相关性、一致性、正当性和预见性。

（1）清晰性：澄清思维混乱，思考问题要有条理。

（2）相关性：摆脱感情纠葛，依照逻辑推理而不是情感心理。

（3）一致性：避免自相矛盾，自相矛盾就是最尖锐的不一致。

（4）正当性：消除不可靠的信念，使用真实可信的理由为信念作出担保。

（5）预见性：拒绝盲目行动，信念能帮助我们对周围世界作出较好的解释和理解。而且能够对周围世界所发生的事件做出较好的预测和控制。

这五项品质是培养批判性思维的基础。我们可以通过大量的思维训练学会如何在创意思考中运用这些方法，批判性阅读就是比较好的方法。如何进行“批判性阅读”？首先我们明白这种阅读不是灌输式进入脑海，而是经过阅读对全文的理性思考，在对全文基本把握的基础上，弄清作者观点是什么。在态度上不是事事作对、处处唱反调，为反对而反对地进行盲目批判。而理性批判的基点是独立分析、不盲从。既不要盲目地全盘接受，又要虚心接受其中的精华部分。

课程实训题 3：批判性阅读

要求：对下列五个阅读材料中的观点提出自己的判断。在认真阅读和思考的基础上，可以浏览互联网上的相关信息，综合分析对此议题的各种看法，然后作出评价，提出自己的见解。

【阅读材料一】专家称：与传统家庭的孩子相比，独生子女存在更多的问题，作为独生子本人的你认同这种说法吗？

就大多数而言，在合理科学的家庭教育之下，独生子女是优秀的个体。“与传统家庭的孩子相比，独生子女存在更多的问题”这样的观点太过片面。的确，传统家庭的孩子生活在一个家庭小社会里，在成长过程中能更好地培养其责任感、互助能力和自理能力。而独生子女多半是处于父母、长辈的多重呵护之下，在成长过程中缺少了些磨炼。生活环境的不同确实造成价值观、处世态度、行为习惯等方面的差异。但是，存在差异并不能说独生子女存在更多的问题。近年来，网络上频频批判“拼爹”现象，直指独生子女在过分溺爱之下骄横、任性。然而，事实上“拼爹”只是少数“富二代”“官二代”中的少少数干的事。大多数对独生子女的偏见都缺少依据，其实，独生子女也有其自身的优势，①独生子女有优良的生活条件和学习环境，能够有更多的空间发展潜能；②独生子女享有更多自由，培养出独特而有个性的人格；③独生子女家庭中，父母与孩子的感情更融洽，孩子的社交能力、学习能力都比较高；④独生子女没有缺乏自信的倾向，他们更愿意与人接触并引起他人的注意。

——程泱洋

我不认同这种说法。该专家认为独生子女存在更大的问题，究竟是什么问题呢？是生理上的？心理上的？还是生活上的？若是生理上明显是有问题的，作为独生子女在家庭中所享有的资源，远比传统家庭的子女多。身体素质并不会比传统家庭的子女差，甚至是更好。若是心理上也是存在问题的，或许是由于独生子女没有兄弟姐妹的陪伴，使他们无法很好地去学会分享。但他们拥有比传统家庭的子女更多的来自父母的爱，这也足够让他们健康成长了。若是生活上，我承认大部分独生子女在生活方面比不上传统家庭的孩子。我认为要改正这一点并不难，只要父母教育孩子的方法正确有效，这也不会成为问题。所以我认为与传统家庭的孩子相比，独生子女并不会存在更大问题。相反，只要家教得法，独生子女会比传统家庭的孩子的问题更少。

——虞墅楠

【阅读材料二】大学毕业后我将去父亲的家具公司做生意。下学期有一门必修课是“哲学概论”，这门课程对我以后的工作一点帮助都没有，而其他实用一点的课程学校又不开。作为同学的你，能否给点建议？

虽然好多课现在学了以后用不到，但身在大学，不能因为该课程对我们以后用不着而不去学习，毕竟该课是必修课，如果不能通过的话，就无法毕业，所以权宜之计，先把该课通过。况且，有些课虽然看似对未来从事的事业没有帮助，但实质上，在潜移默化中，我们已经受益于那些曾经认为不重要的课程。再者，功利心不能太强，非得对我们有利的事才会想去做，试想，如果人的一生都在只做那些有利于自己的事，岂不是活得很单调。每个人只有一次选择自己人生的机会，为什么不尝试让自己的人生更丰富多彩呢？为什么不去尝试一下各种不同的经历呢？我们不应该只注重结果，而应该去享受过程。

——韩林

关于对必修课不实用的问题，作者说得太过于绝对。“哲学概论”对于每一个人都是有帮助的，在无形之中可以提升一个人的气质和行为。而且既然学校将其设为必修课，是有其科学依据的。人生充满了未知，作者不一定在大学四年后就去接手他父亲的工作，也许在四年中找到了自己更向往的梦想也说不定。更为关键的是，大学是学分制，必修课是必须通过的，不能因为自己认为不实用就不去学，这样对毕业会有影响。所以，我认为作者应该好好学习“哲学概论”，不管从现在还是未来方面考虑。

——金伟军

【阅读材料三】一个学法律的学生雇了一位家教帮助自己补习法律知识。他承诺只要通过律师资格考试、开始执业并打赢第一场官司，就支付家教费。后来他通过了考试，开始执业。可是一年过去了他仍没有打赢过官司。那位家教没有了等待的耐心，于是向法院起诉要求支付家教费。这名年轻的律师给家教写了一封信：“如果你对我提起的诉讼上了法庭，那

我赢了就不必向你支付家教费；如果我输了，还是不必向你支付家教费，因为我们所定协议的条款（我打赢第一场官司）还没有实现”你同意这名年轻律师的推理吗？请给出解释。

不同意。首先这两件事情不应混为一谈。第一件是家教费据条件是否支付问题，第二件是打官司是否支付家教费。如果年轻人赢了，只是官司上赢了，从第二件事上看不需支付，而放到第一件事就应支付；反之同理。年轻人把两件事情混为一谈，而且只选取了两件事中只对自己有利的一部分，实为不妥，也很不公平。所以我认为年轻人的推理根本是无稽之谈。这本是一个矛盾，不应如此设立推论。

——姜力威

年轻律师的做法本身从道德上是不正确的，然而推理有一定道理。如果这场官司输了，自然要支付家教费，赢了就有争论了，之前协议说要他赢了他的第一场官司就要支付家教费，可是仔细想一下，协议上说的赢是年轻律师作为辩方律师打官司并赢，而假如这个官司赢则是年轻律师作为被告而赢，这不矛盾，因此有一定道理。

——程铖

【阅读材料四】据《中国青年报》报道：杭州市某小学体育教师钱老师当了班主任，竟遭到22位家长的联名反对，被逼“下课”。主课教师当班主任，眼前似乎对学生成绩有利；但大学毕业30年后，身体状况很可能成为最关心的问题。如果这位钱老师语、数、外都只有初中文化程度，除了开展体育运动之外，各门功课都仅能跟学生谈几句，家长们如此反对是否有点过分？请给出解释。

一个具有初中文化水平的体育老师，是能够胜任小学各个课程的教学，而且让一个体育老师来当班主任对孩子的健康锻炼肯定不会落下。这些家长为什么这么做呢？换位思考，如果我们是这些孩子的家长也会这么做，这不是一个个人问题，这是社会风气问题，孩子怎么能输在起跑线上！我觉得这才是摧残孩子的一个绝对错误的观点。现在的我们已经发觉，那就是后劲不足。小学、中学、高中，这么一轮的潜力压榨，完全是灌输式的学习，而动手能力和身体的健康程度，跟发达国家的孩子比起来，的确是难以望其项背。

——魏定彦

在常人的印象中，体育老师除开展课外体育活动外，对提高学生的成绩毫无优越。家长们只是凭借一般世俗看待这件事，没有经过调研和理智的思考判断，鲁莽地进行反对。虽然家长们的担忧可以理解，也是人之常情，但事实上这种做法既是对体育老师的不公平，也是对自己孩子的不负责。学校任命体育老师当班主任，必定有一定的合理性。体育老师至少是受过中学以上教育的，完全有能力完成在各门功课上对孩子的指导。体育老师还能发挥自我优势，能开展各种课外体育活动，帮助孩子全方面地发展。此外，在如此关注度之下，体育老师这种“另类”班主任，比普通的班主任背负了更多的压力，必将认真负责，尽自己的全力帮助孩子在学业上进步。综上所述，家长们联名反对的做法有点过分。

——吕晓俞

【阅读材料五】我用了6年时间力图把女儿培养成“她自己”，告诉她每个人都是“独一无二”的，既不妄自菲薄，也不妄自尊大，让她慢慢明白“你有你的好，我有我的好”。我试图让女儿明白，人与人之间关系的基础是互相尊重。我也深知，要想让孩子学会尊重，首先要对她尊重，不能因为自己是家长就颐指气使，不能因为自己是成年人就乱用权威。但是，刚刚过去的这一个月，我的理念受到了根本挑战。从开学起，老师每天给家长发短信，是各种命令，比如，“明天必须带……”“今天有孩子作业本上没有家长签字”等。这是一个只有“下达”没有“上传”的渠道，老师们似乎已经习惯了没有“商讨”只有“命令”的方式。老师跟家长沟通尚且如此，对孩子会不同吗？社会上一直在讨论如何培养孩子的创造性，可是你去小学就能发现：下课会有人喊，都去喝水上厕所了，大家听令而出；上课都把小手交叉放在课桌上；回答问题都把手举得一样高；打开书包所有孩子的书皮都一模一样；所有的铅笔都是2H的，连笔尖都要一样粗细；连书皮上的名字都要一种式样写在同一位置……如此整齐划一，6年后，我的女儿怎么可能不像流水线上的产品？作为“过来人”，这位家长的担忧过分吗？

这位家长对孩子的教育颇有想法：强调平等与尊重，以理服人，循循善诱，以激发孩子的创造性，使知识、德性和灵魂一起增长，但这种理念却与学校教育格格不入：格式化、消除个性、强调知识的灌输和行为的顺服。老师的这种做法是中国家长制的传统的做法。所谓五伦纲常嘛，强调的是服从。其实歪曲了孔老夫子的本意……暂且不谈教育要有哲学沉思，要有社会理想，要有人文关怀。当下中国的教育是集约式的、功利化的、工具性的，我们培养的不是品格健全的人，是劳动力；不是精神世界丰富的正常人，而是利益追逐心理极强的畸形人。归根结底，这不是教师的问题，而是体制的问题。

——王耀田

我认为家长的担忧是完全没有必要的。不管孩子在老师面前表现得多么规范、多么听话，这都是一时的表现而已，是因为老师在而刻意展现的一面。一旦老师离去，孩子立刻会变回原来的样子，至少也会放松下来，不再那么拘谨。一个人的气质在出生之时就已经开始形成，在这位家长6年的养育下，孩子的气质早已定型，不是外力能够轻易改变的。在学校的这种有约束的生活，只会让孩子更快地成长，了解社会的基本常识，学会做人，而不会抹杀她的个性。这一点在我们这些过来人这里也有很充分的依据。没有人会和别人一模一样，再强大的约束与制度也强不过人心，只有自己能改变自己。

——喻鹏程

思考与延伸阅读

思考题1：从下列事例中提取新概念。

要求：概念提取不是名词解释；提取的概念既不要太具体，也不能太笼统；将提取的概念向下具体一点产生一个新概念，向上抽象一点再产生一个新概念；反复比较三个概念，找出一个最合适的，并对这些概念做强化和挑战的尝试。

（1）SOHO族。

（2）苹果ipad。

（3）品牌连锁店。

（4）网络购物。

（5）五金工具。

（6）转基因食品。

（7）鸳鸯火锅。

思考题2：观点批判。

要求：对下列观点提出自己的判断，并用简短的文字说明。

（1）上大学是为了将来有个好工作。

（2）转基因食品是不安全的。

（3）这个世界根本就不存在普世价值。

（4）在社会上对人诚实就意味着会吃亏。

（5）真相因人而异，一件事对我来说是真的，对你就未必。

（6）市场经济是最公平的。

（7）失业肯定是因为懒惰，真想工作都会有工作。

（8）我们比别人更了解自己。

（9）好人一生平安。

（10）贪婪是人的本性。

（11）无神论者是无所畏惧的。

（12）质疑别人的观点是不包容的表现。

（13）获奖并不代表一切，只是表明某一方面获胜而已。

（14）死刑对犯罪行为有威慑作用。

延伸阅读

（1）[美]S・阿瑞提．创造的秘密[M]．沈阳：辽宁人民出版社，1987．

（2）冯崇裕，卢蔡月娥，[印]玛玛塔・拉奥．创意工具[M]．上海：上海人民出版社，2010．

（3）谷振诣，刘壮虎．批判性思维教程[M]．北京：北京大学出版社，2006．

第五章　重新定义问题

□ 教学目的

1．了解调研方式，加强学生设计需求的解析能力；

2．学习问题描述方法，提高展示设计想法的能力；

3．提出使用模型概念，学习设计概念系统。

□ 教学方式

1．利用多媒体课件讲授理论；

2．课外学生成组进行实训课题的实践，对选定的主题或设计进行调研与设计描述；

3．在课堂上进行展示与交流，学生互评和教师讲评相结合。

□ 教学要求

1．掌握寻找问题或需求的技巧，能系统地看待问题和解决问题；

2．通过课堂训练与课后实践，提高系统、全面、简洁、准确传达设计思想的能力。

□ 教学框架

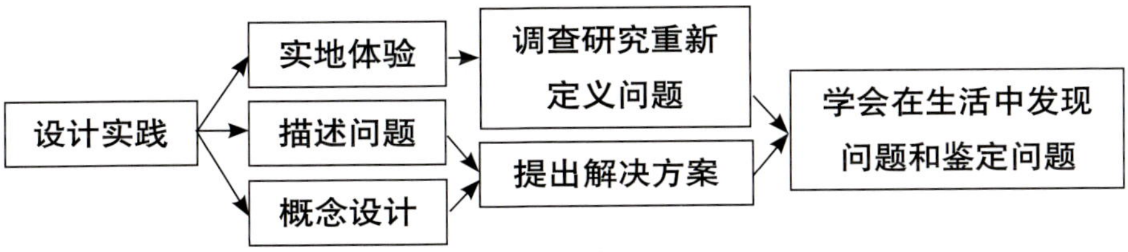

5.1 实地体验

前面几章是讨论创意思考的方法，作为工具可以帮助我们摆脱习惯思维定势，开拓新思路。由此看来，创意不是少数艺术家的专利，每个人都可以通过学习和训练提升这种能力。当今社会，创意思考更多地被赋予解决实际问题的能力。大到能源危机、交通拥堵、开发新产品，小到同学生日送什么小礼品最能表达心愿等等，都可以通过创意思考来获得解决方案。我们在前面谈到，创意在多数情况下是对还没有发生的、即将发生的事作出预想，而思考是对问题的每一个环节作出研究后的判断过程，没有这个过程就不会有结果。本书的最后两章是结合具体设计教学案例来阐述创意设计的方法和过程。这些案例来源于连续五年的产学研项目——“创意杭州”国际设计营。每年由杭州市的一家企业出题，邀请国外著名设计院校的教授来杭主持，学校组织学生参加的创意设计活动，历时两周。设计营虽然时间不长，却是一个产品创意设计的完整体验过程，包括调查研究→初步设想→概念设计→细节完善→成果展示等。每一个设计项目开始之前，都要求做一个详细的课题调研，这种调研不能仅仅在网上、书本上摘录相关资料，到实地现场亲自体验所获得的第一手资料更为重要，即所谓“心—脑—手合一”的观察事物的思考方法。

著名的美国艾德奥（IDEO）设计公司有个理念：因为有市场，所以需要设计；因为技术发展，才可把设计物化，但是所有的一切都源于用户的需求。如果用户没有需求，再“好”的设计也只能成为被束之高阁的“艺术品”，最终被淡忘。以人为中心的设计模型是将收集用户数据作为设计创意的依据和设计结果的评估标准，其过程必须由以下四个活动组成。

（1）详细说明产品使用背景——产品使用的人群、用途，以及在何种情况下使用。

（2）详细说明需求信息——用户需求及目标。

（3）创建设计方法——从产品概念到完整设计。

（4）评估设计——从实际用户进行的可用性测试进行设计评估。

从上述原则中可以发现，前两个活动都与用户以及调查研究相关，最后的“评估设计”也是从实际用户进行的设计评估，可见用户研究在创意设计过程中的重要性。

实地体验的目的是对将要设计的项目的使用者进行调查研究，掌握第一手资料。用户研究一般包括两种：定性研究与定量研究。定性研究主要用于了解目标人群有关态度、信念、动机、行为等相关问题，而定量研究则采用大量的样本数据来测试和证明某些事物的趋势，特性等真实情况。比如问卷调研，就是我们最常用的量化研究的方法，另外还包括用户访谈、焦点小组、口语报告等经典方法。但是传统的设计定量研究方法在进行研究过程中还是存在一定缺陷。比如问卷调查，它存在的问题是，设计问卷一般都由设计师根据间接得到的信息整理加上个人经历进行设计，设计师不一定是所设计产品方面的专家，所以只能针对现在已经发现的问题或预测进行问卷设计。而且问卷调查主观题的答题率一般非常低，不具有足够的开放性，很难找到那些设计师和研究者本身并不知道的问题。

在照明设计营中，德国柏林艺术大学的埃贡教授特别强调要“观察他们真正在做什么，而不是说什么”。要求运用“实地情景调查”的调研方法对设计对象与设计环境进行实地体验。情景调查强调“心—脑—手”统一的概念，在调研阶段去实际使用场地用手摸，用眼睛看，用心感受真实的产品与使用环境及使用行为，从而概括使用流程，观察使用习惯，提炼使用感受并解析用户需求。设计营的学生既不是照明专家，也不是电子工程师，但是在调研过程中不断改变角色，分别从旁观者、用户、采访人等角度真实体验，得到了详尽真实的第一手资料，找到了真正的用户需求（图5-1至图5-3）。

图5-1 设计营导师、柏林艺术大学的埃贡教授带领学生作现场调研

图5-2 对技术开发人员的调研

图5-3 在LED照明体验馆作调研

实地体验调查的四个要点如下。

（1）选择至少一个典型的使用场所。在亲临实地前需要做好详细的计划，如调研的目标人群、目的、流程、注意事项等。如有需要，每天分几次亲临现场，观察产品在不同时间段的使用环境。

（2）观察并拍照。从旁观者的角度观察产品的使用情况。如产品存在多类用户，则需分类考虑，从不同角度进行观察与素材采集。对各类情况进行拍照记录，若不允许拍照，可草图勾勒，并在上面标示兴趣点及可能产生的问题。

（3）模拟使用过程。发现问题的最好方法就是把自己带入用户当中，亲自体验使用感受。所以情景调查的重要核心部分就是让设计者把自己作为用户，亲身体验产品的完整使用过程，用心感受用户体验和存在的过程。体验过程必须完整，设计者需要把自己当成真正的用户来进行，设计者可随手记录心得或描绘用户路径，助手可拍照或通过视频记录全过程，方便后期整理与回忆。

（4）整合数据。情景调查一般可以得到大量繁杂的素材，这些素材会让设计者思路混乱，所以最终的数据整合尤为重要。在这一阶段，设计者需要找到合适的线索进行流程整理，从而把庞大的材料库进行归类分析。用户行为路径图是一种很有效率的方式，用户行为路径图描述了用户的整个使用过程，用不同的接触点来表示交互，并可以把相关数据整合到各接触点周围进行整理（图5-4）。

课程实训题 1：宾馆照明调研

要求：以小组为单位，用情景调查的方式对宾馆LED照明进行实地调研。宾馆的照明在很大程度上影响入住客人对宾馆的印象，不同区域的照明方式有不同的功能与氛围要求。以“酒店光环境—灯光—作为信息与环境的媒介”为指导思想，选定自己小组关注的功能区域，寻找合适的宾馆，针对不同的特点进行调研。每一个小组要从下面8个酒店照明功能中选定其中一个作为调研课题：①入口与前台（Arrival+Check-in）；②道路指引（Finding My Way）；③会议室（Meeting+Confering）；④客房（Staying in My Room）；⑤休闲吧台（At the Bar）；⑥等待区域（Waiting+Hanging Up）；⑦周边区域（Outside+Around）；⑧融合设计（Fusion）。

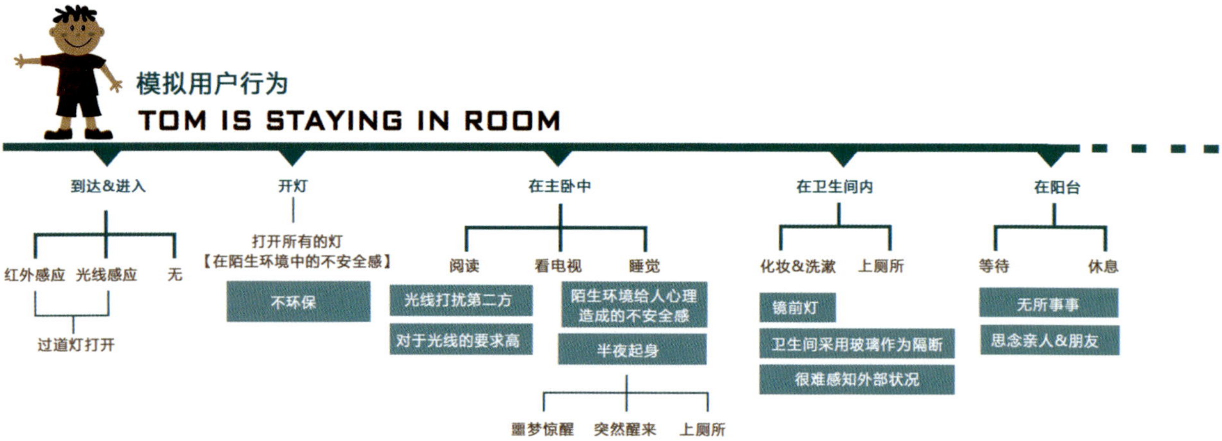

图5-4　宾馆客房调研——用户行为路径整理

5.2　描述问题

描述问题阶段的主要任务是从前期调研后整理出来的素材中寻找用户需求，提炼设计点并提出解决问题方式。描述问题包括建立需求模型、创建假设与概念展示几个部分。

建立需求模型一般包括“发散——>收敛——>总结”的过程。第一步是充分发散，在界定范围内寻找所有可能的用户需求。在这个阶段，设计者可以在团队内组织适当的讨论，在前期调研结果的积淀下，队员提出自己的想法，相互的思想冲击可以更好地帮助队员打开思路，获得更多设计灵感。在发散阶段，我们并不对团队成员的想法做太多约束，以免影响灵感的发掘，但是在发散阶段结束后，势必需要一个整理和过滤的过程来筛选可行的需求点，这就是所谓的收敛阶段。收敛阶段一般可采用以下方法对信息进行整理。

（1）按功能区分，用户或使用习惯等对所有需求进行分类（图5-5）。

（2）按重要性和满意度进行用户调查，得到相应矩阵。

（3）确定矩阵阈值，选择重要性高但满意度低于阈值的用户需求作为设计目标需求进行推敲，从而选定目标设计点，即项目中要求解决的用户需求（图5-6）。阈值的设定（即区域的划分）应根据项目自身需求进行设定。很多设计项目中，我们可以以需求的迫切程度来分，分为三类：①影响使用的需求；②改善使用体验的需求；③提高附加价值的需求。

（4）复查淘汰需求，对一些可以简单实现但能带来适当满意度的需求进行整理，作为候选需求，即在项目中可考虑实现的需求。

图5-5　对设计需求进行分析与筛选

图5-6　对用户行为、使用方式等样本进行分析

此外，在筛选设计需求时除了考虑重要性与满意度外还需要考虑设计的局限性。设计中需要考虑很多限制因素，如产品的特定材料、形状与特征。很多产品的一些特性受限于物理常识、化学基础与机械原理等因素。可用户化设计度低，不可轻易改变，因此设计者在选择设计需求时需要考虑这些既定因素，排除无设计可能的需求点。如图5-7所示的即为一个实例，图中清晰地表述了用户化设计度低的设计部分与用户化设计度高的设计部分，设计者需要关注的是用户化设计度高的部分进行设计分析。

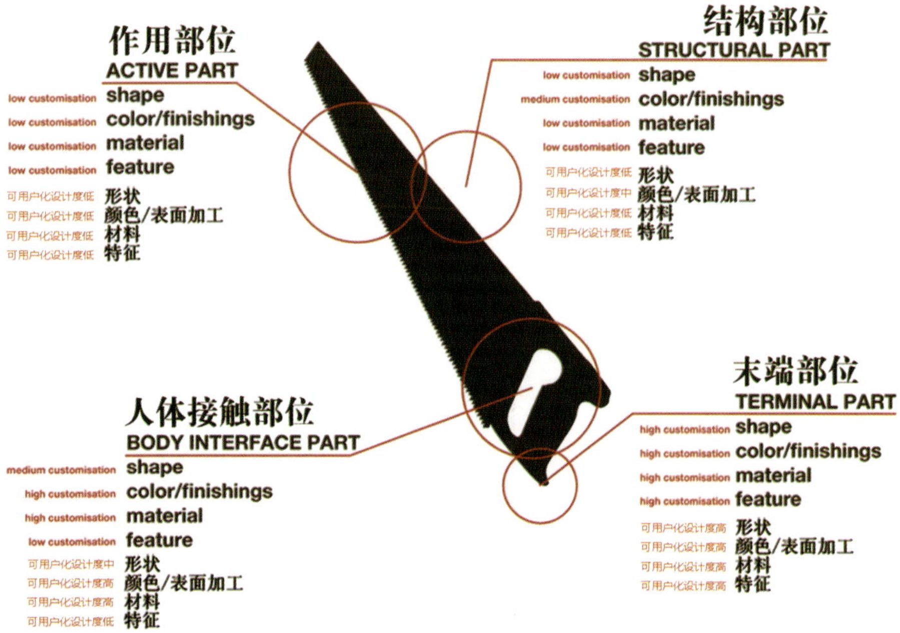

图5-7　用户化设计度分析/资料来源：亚历山大教授设计营授课课件

创建假设是在设计方向指引下搜索目标用户的资料及使用场景。具体做法是运用视觉思维的方式，用图片、图像、思维导图等形式把目标用户“呈现”出来。这些图片必须经过精心选择，反复筛选，并对假设进行检验。创建假设不需要收集“完整的资料”，更多的是利

用已掌握的材料，凭借视觉思维设想可行的解决方案。也许不是“最正确”的，却是通向明确、有序解决问题的途径。团队成员头脑中每闪现一个解决问题的想法，都可以成为一个假设的创建，还可以利用这个直接明了的图像样本对假设进行判断。最终的概念描述即把团队成员创建的假设用图解的方式形象地表达出来。创建假设具体步骤如下。

（1）将用户行为、生活方式的内容以及样本搜集起来，选择出典型的材质、色彩、形态和物件等，这些资料将传达出设想产品的外观信息。

（2）挑选具有代表性的照片，也可以写上一些关键词。想象用户是一个真实的人，有具体的兴趣和特点。

（3）行为分析列表或者代表一个过程中详细的各项任务、行为、对象、表演以及互动。

（4）运用这种方法能够识别和区分产品的利益相关者，并对用户需要解决的问题进行分析。

（5）要尽量注重样本的整体秩序，每个样本应当反映用户的相关内容。

（6）进行基于客户的分析研究，包括人类学研究、行为学分析、跨文化比较等。

（7）运用照片或者草图的方式来描述用户使用产品的具体环境，目的在于提供人、产品以及空间环境之间的关系。

场景脚本是一种剧本式的描述方式，表达的是用户在某个场景中的行为，以及与环境的互动。场景脚本在设计过程中可以应用在前期的问题描述，也可应用于设计概念的初步阐述。利用场景脚本描述用户需求是非常直观及形象的表达方式。总的来说，只要是反映人与环境及产品的交互过程，就可用场景脚本来进行展示，如图5-8所示。

图5-8　宾馆照明用户需求的场景描述/设计：吴琰琰

场景脚本需要定义一个虚拟的用户，就像演话剧一样，需要有一个角色，而这个角色恰好就能代表目标人群。因此场景脚本的要素一般包含如下几个方面。

（1）场景名。类似于一场戏的名字，说明这个脚本是在表达哪个场景。

（2）参与者。根据故事或设计的需要确定一个人或一群人作为故事角色。

（3）事件流。事件流的形式取决于设计者以及使用场所。可以以手绘的方式描绘各个分镜头，并连接成一个场景；也可以文字的方式描绘事件流，文字要求简单精练。

课程实训题 2：场景脚本

要求：在我们日常生活中会接触到各类电器开关、插座等，这些设施安装得是否到位、设施本身是否好用、与环境是否协调等等因素都在潜移默化地影响我们的生活，甚至是生活质量。请在对开关插座等电器设施进行调研、需求分析的基础上，要求每个设计团队利用场景脚本生动地描述用户需求。

5.3 概念设计

前一章提到：概念不仅涉及“是什么”，而且涉及“可能性”。涉及可能性的概念可以使想象超出现状，并激励人们去接近理想，人类最伟大的心理成果都是通过概念产生的。有了明确的需要解决的问题，以及预想的目标用户和使用场景概念，概念设计就成了最富有创造性的过程，从模糊到清晰、从抽象到具体。所谓概念描述，是对预设目标充分理解后，确定设计构想、实现目标的方法，作为设计的依据。描述设想的主要特点时不需要对项目进行全面展开。

所以说概念设计是一种观念先行的设想，它与市场、工艺、材料等关系并不十分密切，设计能否最终实现也不是它首要关心的问题，只要概念能够成立，就可以采用相对应的手段表现其内涵。如图5-9所示，在沙发设计中引入“模块化”的概念，在对沙发的功能、人在室内空间的分析后提出的概念，仅靠几个“模数”沙发可以根据功能需要摆放多种形式的沙发组合，以分割室内空间，划分功能区域等。在这个过程中，不涉及沙发的材料、色彩、制造工艺，甚至市场因素，通过各种手段演绎一种概念，对“模块化”导致的功能变化、空间分割所产生的效果层层深入地进行研究。

图5-9 意大利米兰理工大学设计学院的佐罗教授在讲评学生的场景脚本作业

由于概念设计不受技术、市场和经济条件的约束，对于培养学生的创意思维十分有益。实际上，在艺术创作领域，根据某种概念进行创作屡见不鲜。如存在主义作家萨特，其文学作品就是存在主义概念的形象演绎；希区柯克的电影，可以理解为用电影手法演绎弗洛伊德的精神分析与潜意识学说。概念描述的训练，有利于我们从设计的形而下，上升到设计的形而上思考，寻找从文字概念走到现实世界的实现通道。如图5-10和图5-11所示的沙发试图摆脱“沙发”本身概念的限制，在“模块化”的引导下，出现了“搭积木”式的概念沙发，提出了仅有几款沙发却可实现多功能和空间转换的可能性。

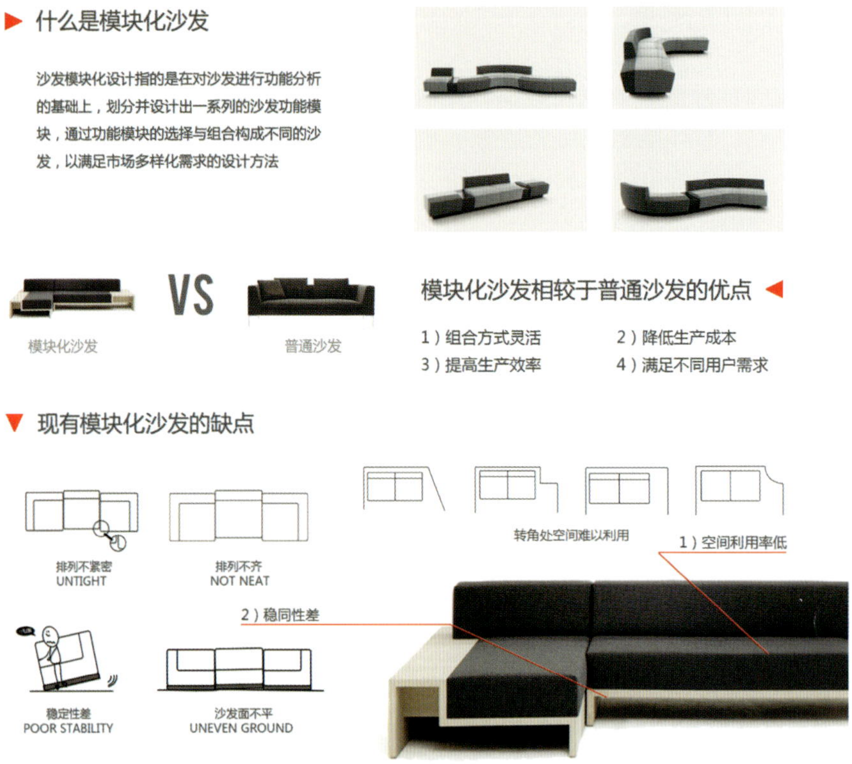

图5-10 模块化沙发概念探讨/设计：王莹、刘文伟、林定松、周珏远、王相洁、徐洪盉

图5-11 模块化沙发概念设计/设计：王莹、刘文伟、林定松、周珏远、王相洁、徐洪盉

课程实训题 3：概念描述

图5-13 意大利米兰理工大学设计学院的亚历山大教授、萨拉副教授在听取概念描述

要求：对日常生活中司空见惯的物品如五金手动工具、餐具、灯具、家具等，试着用全新的概念进行描述。可以借鉴图片、草图等手段以视觉形式描述出来。如图5-12所示的手动工具，运用了“家庭药箱”的概念，常备的工具以应付突然出现的意外——自行车掉了螺丝、门锁卡了钥匙、电器出现状况等，自备的工具箱就可以解决。图5-13所示的是指导教师在听取学生进行概念描述。

手动工具概念描述

针对普通家庭这一用户群，首先联想到每户人家的必备品是急救箱。只要家里的成员有点小伤小痛，大家都会第一时间去找它。那么如果家里的某些家具出现了小问题，我们应该第一时间找谁呢？是不是也该为家具做一个属于它们的急救箱呢？为此，我们决定以红十字为设计元素，采用急救箱本身的色彩搭配，为普通家庭设计一个first aid初级工具箱，只要家具等出现问题，就会第一时间找这个first aid工具箱。

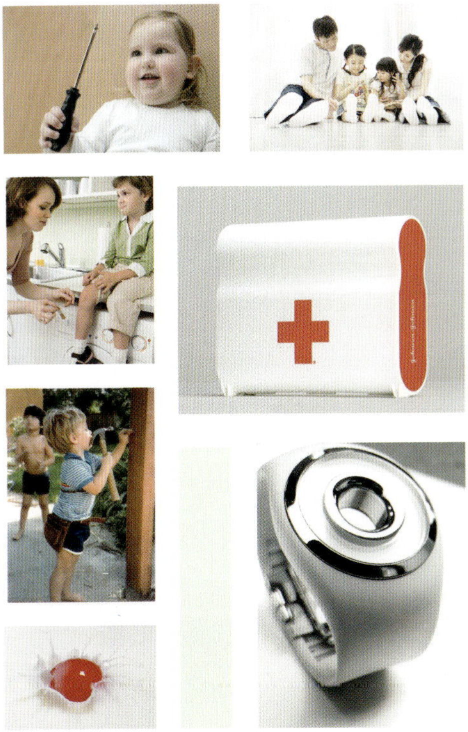

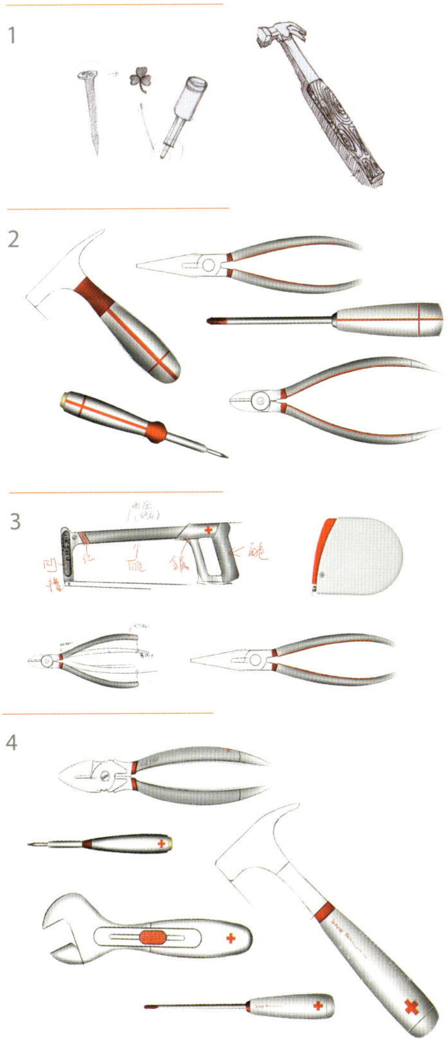

图5-12 以“家庭急救药箱”为概念的手动工具套装设计/设计：王贤凯、邓森、李萍、章徐涛、朱虹珍

课程实训题 4：概念模型

要求：在课程实训3的练习过程中，对概念的推敲与验证借助模型是一个必要过程，概念模型不是一般意义上的外观模型——让别人看的模型，而是让自己体验的模型，因此对模型材料、逼真性、美观性等要求不重要，可以采用随手可得的材料，最常用的是纸张、泡沫、橡皮泥等易成型、廉价的、加工时所花时间不多的材料。一个灯具的设计可能需要制作几十个概念模型来验证各种可能性，但对模型的精细程度有要求，因为模型的精细程度决定了设计细节的准确程度。如图5-14至图5-16所示的是两位教授和设计营学员对手持灯具的概念模型进行揣摩、体验、证实的情景。图5-17和图5-18是游艇概念设计思路及草图。

图5-14　对模型板制作的概念模型进行手感体验，对每个细部琢磨研究

图5-15　“木人桩”概念灯具模型制作与推敲

图5-16　埃贡教授与设计营学员探讨宾馆智能灯具设计

概念提炼
CONCEPT REFINING

Bobo族喜欢探索自然，挑战极限，所以乘着潜艇游览海底世界是最好的选择。
Bobos like to explore nature, challenge the limit, so touring in the underwater world is the best change by submarine.

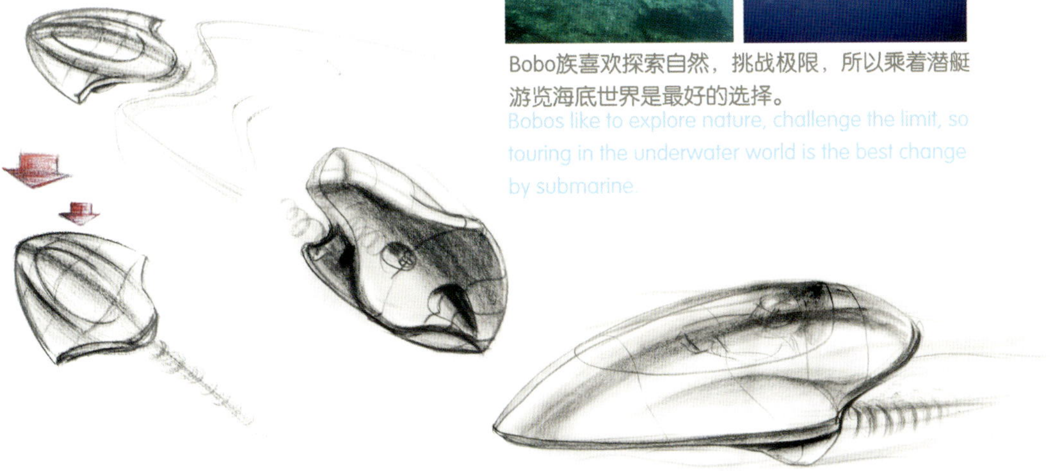

平时潜艇悬挂在船尾，使用时通过缆绳下降，潜艇通过海洋无线通讯技术与船体沟通。

概念延伸
CONCEPT EXTENSION

Bobo族追求高科技，高品质的生活，新能源当然是他们最好的选择。
Bobos pursue high technology, high quality of life, of course the new energy resources is their best choice.

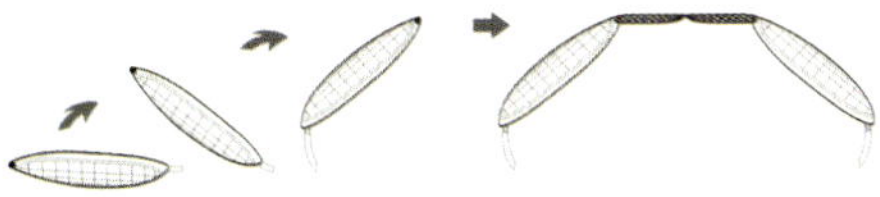

太阳能顶棚使用流程

太阳能顶棚合并过程，首先由底部的伸缩杆向上弯曲伸展，使太阳能板翻转上升与船体呈45°角，接着可伸缩遮阳棚向外伸展直至合并。

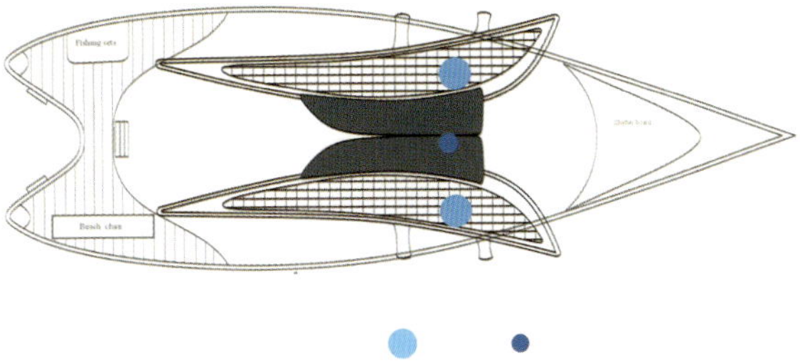

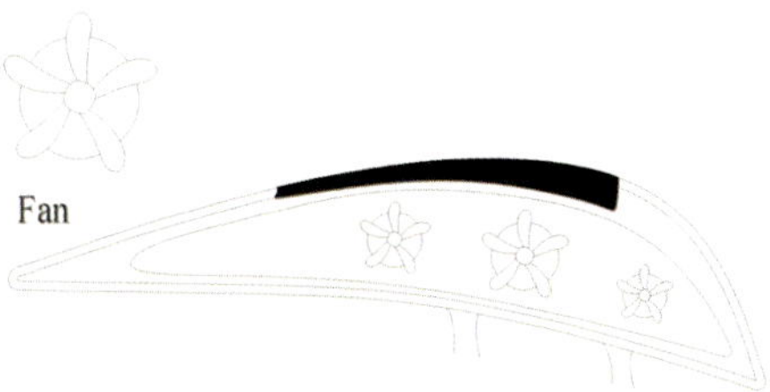

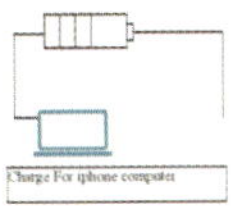

图5–17　游艇概念设计(一)/设计：苏西子、梁世鸽、蔡赛亚、史铁润

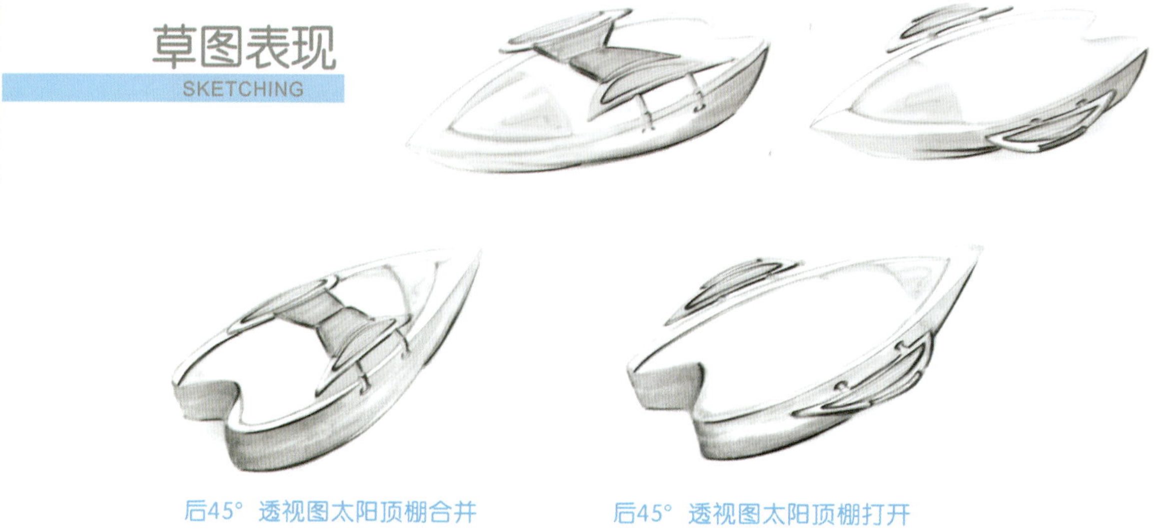

图5–18 游艇概念设计（二）/设计：苏西子、梁世鸽、蔡赛亚、史铁润

思考与延伸阅读

思考题1：绘制需求矩阵。

思考题1：校园照明环境调研与需求分析。

（1）选择校园内的一块区域进行照明环境调研。

（2）在校园照明环境调研基础上整理用户需求列表，并绘制需求矩阵。

思考题2：餐厅调研与菜谱需求分析。

（1）俗话说“青菜萝卜，各有所爱”，不同的个体对于事物的喜好与偏爱各不相同，餐馆在运营过程中需要考虑到大众口味，又要形成自己的特色，所以菜谱的制定也需要创意思考。以校园周边的小型餐馆为调研对象，进行菜谱内容调研。

（2）在菜谱调研的基础上整理需求，绘制需求矩阵，并尝试设计一本“菜谱”。

思考题3：制作场景剧本。

要求：对思考题1中所整理的有关校园照明环境的用户需求进行场景剧本的绘制。

延伸阅读

（1）[韩]文灿．与众不同的设计思考术[M]．北京：电子工业出版社，2012．

（2）[美]埃伦·勒普顿．跟着我找设计想法[M]．北京：电子工业出版社，2012．

（3）[日]原研哉．设计中的设计[M]．济南：山东人民出版社，2006．

第六章　表达的艺术

□ 教学目的

1．学习体验设计的方法，提高学生对设计细节的掌控能力，加强动手能力；

2．了解设计视觉化的重要性，学习设计表达形式；

3．提出系统思考方式，学习系统化表达方式。

□ 教学方式

1．利用多媒体课件讲授理论；

2．课堂上学生成组完成模型制作、空间分析等细节设计；

3．设计完成后进行汇报与展示，学生互评和教师讲评相结合。

□ 教学要求

1．掌握细节揣摩和设计展示的方法，加强解决问题的能力；

2．通过课堂训练与汇报展示，提高表达与沟通能力，增强团队合作的素质。

□ 教学框架

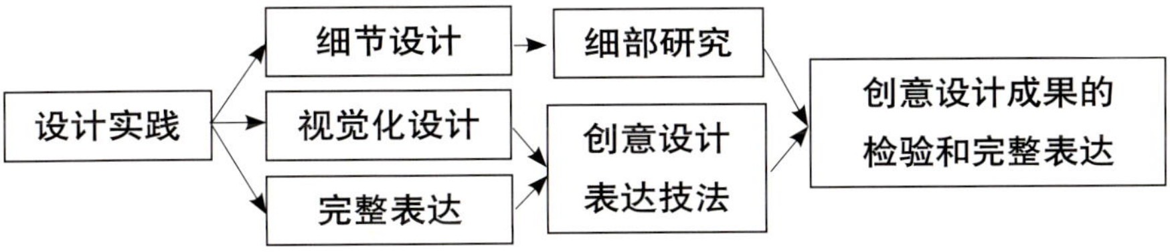

6.1 细节设计

创意设计是一个循环反复，不断验证的过程。产品概念提出后，需要反复验证设计中的各个细节，寻求最佳方案。图6-1是智能照明项目的设计流程图，也是一般产品设计的设计流程图，清晰地表明了整个设计开发流程及每个阶段所需提交的文件，在设计细化以及验证之间存在的循环，说明概念提出后需要不停地验证并修改。

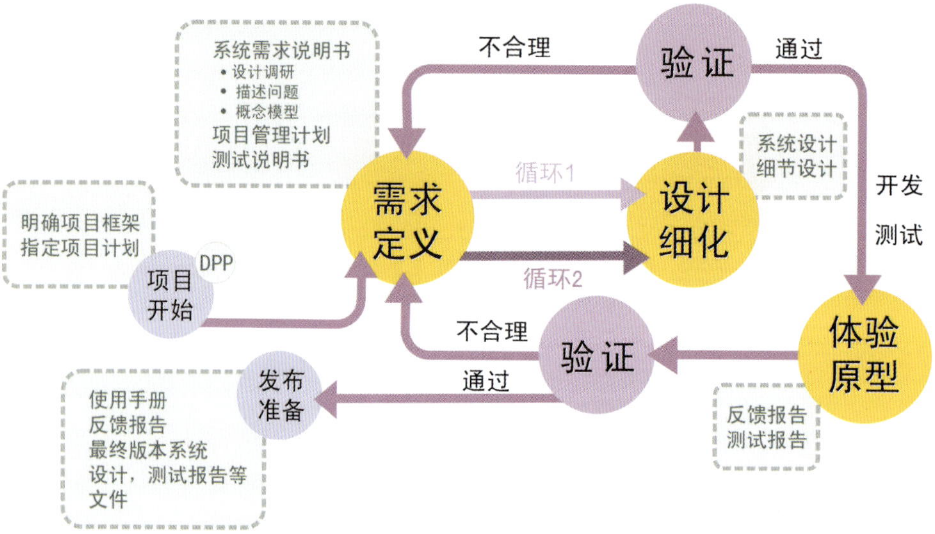

图6-1 智能照明项目的设计流程图/设计：蒋琤琤

揣摩设计细节时，任何改变都需要回到用户需求阶段进行重新分析与假设，而不是简单地改变设计点。细节设计的方法多种多样，根据不同的设计内容选择相应的方法进行验证与体验。借助一些廉价、简易模型制作可以快捷方便、形象而且经济地展示设计者的想法，便于团队成员相互沟通，对设计概念进行使用性评估（图6-2和图6-3）。

图6-2 设计营队员在向美国创意设计学院的罗尼教授和卡洛琳教授陈述设计细节

图6-3 卡洛琳教授和学生探讨设计细部

细节设计中最重要的步骤是对人机关系的研究，包括用户与产品之间的尺度、空间等。船艇设计中内部的空间布局很大程度上影响了船艇的体量与造型，而空间布局的细节设计需要把关注点转到用户体验，以及产品的印象、功能、易用性等方面。从“可以使用”到“易于使用”，甚至“乐于使用”进行提升。全尺寸空间体验非常适用于一些带有空间布局设计的产品，可以帮助设计者掌握空间合理性，并体验使用舒适度。下面是以“休闲艇”设计为例所做的空间体验练习，具体操作步骤如下。

（1）准备好多种颜色的胶带、剪刀、卷尺、硬尺等工具。

（2）绘制所设计船艇的尺寸与空间布局的图纸。

（3）选择一块足够大且平坦的场地，在地面上用胶带贴出船艇俯视图的轮廓。

（4）用胶带在休闲艇轮廓当中贴出布局并标注，如驾驶舱、甲板、观光舱、桌椅、电视屏等（对不同类型的分割线或边缘可选择彩色胶带纸进行区分）。

（5）团队成员在等尺寸船艇布局当中进行体验与揣摩，改善布局合理性与舒适性，验证空间分割的可行性，可借助一些真实道具进行体验，如椅子桌子等，如图6-4所示。

图6-4 休闲艇设计空间体验

待所有的尺寸都验证、确定以后，对整体的造型设计也需要做一个评估。这个步骤是产品造型的判断过程，要选择易加工、方便成型的材料，在较短的时间内做出一个可以对整体形象做出判断的模型。比较合适的是鱼骨模型，这是一种展现整体造型的模型方式，简单方便，极易在课堂中操作，帮助设计者揣摩形态造型。鱼骨模型制作材料一般采用方便加工的KT板、模型板等。其制作步骤如图6-5至图6-7所示。

（1）设计模型比例，确定模型尺寸。

（2）按照所需模型的精细程度确定鱼骨构造中的间隙，间隙越小，模型越精确。也可选择不等量间隙设计，在形态变化较多的部分选择较小间隙提高精确度。在不影响整体造型的情况下可适当加大间隙。

（3）按所设计的间隙在绘图纸上绘制鱼骨模型的等比例制图。

（4）根据制图上的尺寸和形态切割构造中的每一块板材，并为每一块板材零件编号，以方便安装。

（5）组合所有板材零件，调整到最终的鱼骨模型。

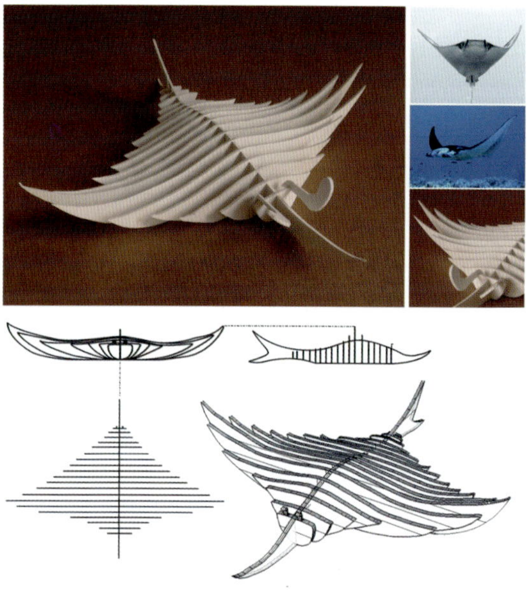

图6-5　基础设计鱼骨构形作业/设计：周鑫鑫

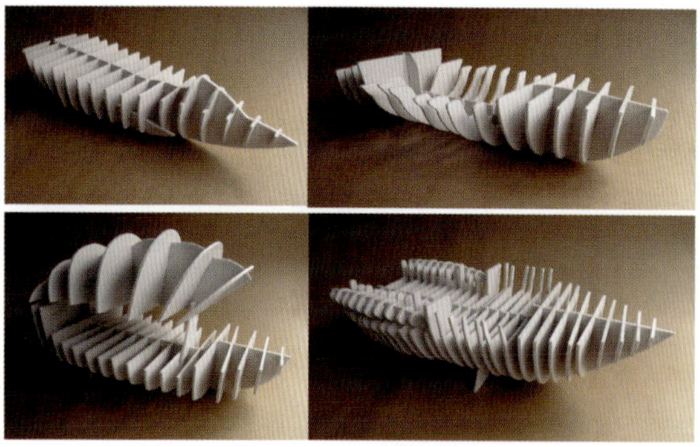

图6-6　休闲艇设计营鱼骨模型作品

图6-7　罗尼教授在指导学生的鱼骨模型

课程实训题 1：空间体验

要求：舒适度是休闲艇设计的重要指标。因此，在休闲艇上人员的活动空间至关重要，实验要求找一块较大空间的场地，用1∶1的比例在地上画出船体形状进行用户体验，地上线条可以用2cm宽的胶带划分（便于调整修改）。还可以将所有功能区用不同颜色的胶带加以区分。然后团队成员对每一个功能区进行“实地体验”，对设计尺度空间的合理性进行评估和研究。

课程实训题 2：鱼骨模型

要求：以恰当的比例和较短的时间把休闲艇的整体造型用模型板或KT板用“鱼骨”形式进行模型制作（图6-8和图6-9）。制作模型是对休闲艇形态不断修正的过程，每一块模型板的形态变化都将影响整体效果。

图6–8　休闲艇空间尺度的设计

图6–9　进行游艇细节推敲

6.2　视觉化设计

设计过程中常常需要借助图示技术把思维可视化。思维可视化运用一系列图示技术把本来不可视的思考方法和思考路径呈现出来，使其清晰可见。本书第一章中讲到的思维导图就是思维可视化的方法之一。在设计的后期，需要将设计概念以及产品的相关信息清晰地表达出来，以方便检验、对比和评估。可视化设计不仅帮助思考，也是沟通展示的重要工具。这里把可视化设计分成三个部分：产品整体概念的可视化、产品使用方式与使用环境的可视化，以及产品形态结构的可视化。

1. 产品整体概念的可视化

在设计可视化过程中，最重要的部分即为概念展示，即把产品的设想可视化。设计概念为产品的核心内容，是设计立足的依据，更是说服用户的理由。相对设计者而言，把设计概念可视化是一种基本功。

贯穿整个设计过程，系统图是表达产品整体设计概念的一种视觉表达形式：有哪些不同的参与者，他们之间有哪些相互的联系，以及系统中的物资流、能源流、信息流、资金流等。基本的系统图由方块与箭头组成（图6-10）。如图6-11所示的是意大利米兰理工大学设计学院设计的产品设计系统图，在这张图上借助基本图形、箭头及有限的文字将产品设计的程序、方法、条件等要素条理清晰地表达了出来。

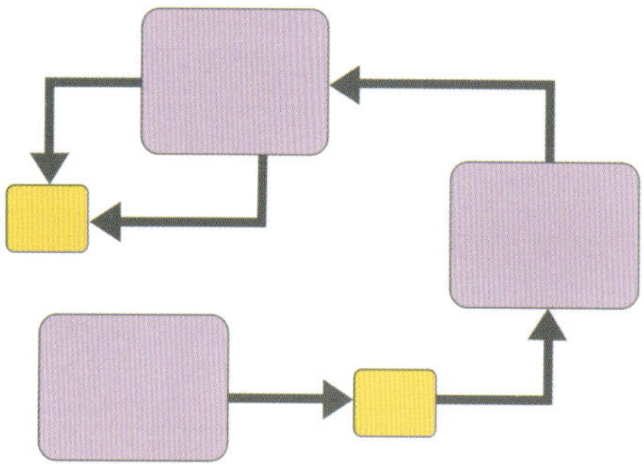

图6-10　系统图基本模式

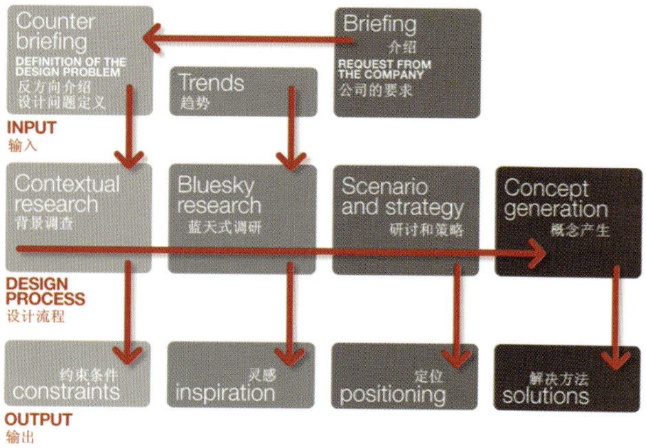

图6-11　产品设计系统图/资料来源：亚历山大教授设计营授课课件

基础的系统图围绕着目的进行展开，系统图的重点为项目所需达到的目的，然后进行逐级展开，填补未达到目的所需的各级手段。而系统图在创意设计中进行应用时，不但继承了基础系统图的特点，也根据设计的特殊性进行了改善。目标作为设计的最终需求不再成为主线索，而是以完成目标的参与者及其相互联系作为系统图的主线索。这样可以使用户关心的系统各部分、参与者、消费者行为等内容一目了然。系统图的基本制作步骤如下。

（1）由设计项目前期的需求说明书等内容中明确系统参与者。系统参与者可以是人也可以是物，不但包括外部参与者，也应包括系统本身。

（2）在很多情况下，参与者还可能包括主参与者的子部分，比如系统内部的各组成部件。如果适用，在主参与者的基础上，解析子参与者并在图中进行标示。

（3）确认参与者之间的关系，并用箭头与信息流可视化参与者的相互关系。

（4）在系统中添加物资流、能源流及资金流等信息。

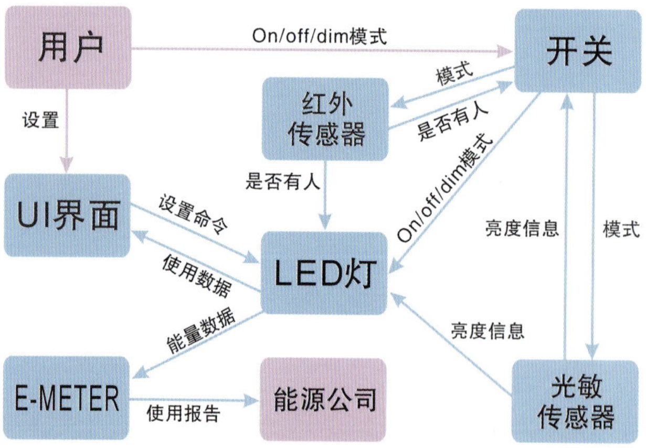

图6-12　家庭智能照明系统图/设计：蒋琤琤

课程实训题3：系统图示

要求：家庭照明系统一般由多个部分组成，并相互协作完成相应功能。创意设计在很大程度上是考虑这个系统中每一个部分的重新组合和创新，而系统图就是一个有效展示产品结构与框架的工具。如图6-12为基于系统图的要求与基本步骤绘制的家庭智能照明系统图。

2. 产品使用方式、使用环境的视觉化

流程图是表示思路过程的一种图示，早期在软件语言中用来表示算法的图示，现在应用于很多领域。顾名思义，流程图描述的是流程，是一种逻辑。用它来表示某个产品，特别是复杂产品的工作流程，或者用户行为过程，在设计过程中将起到事半功倍的效果。而再好的文字描述也不如一张图来得清楚，并且一目了然。图6-13为流程图的基本元素。如图6-14所示是意大利米兰理工大学设计学院提出的产品开发流程图。

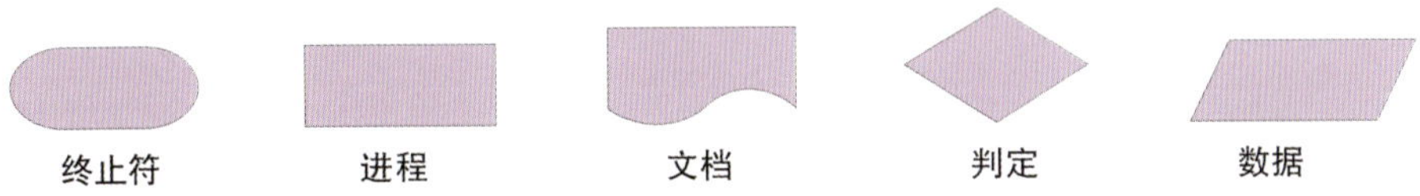

图6-13　流程图的基本元素

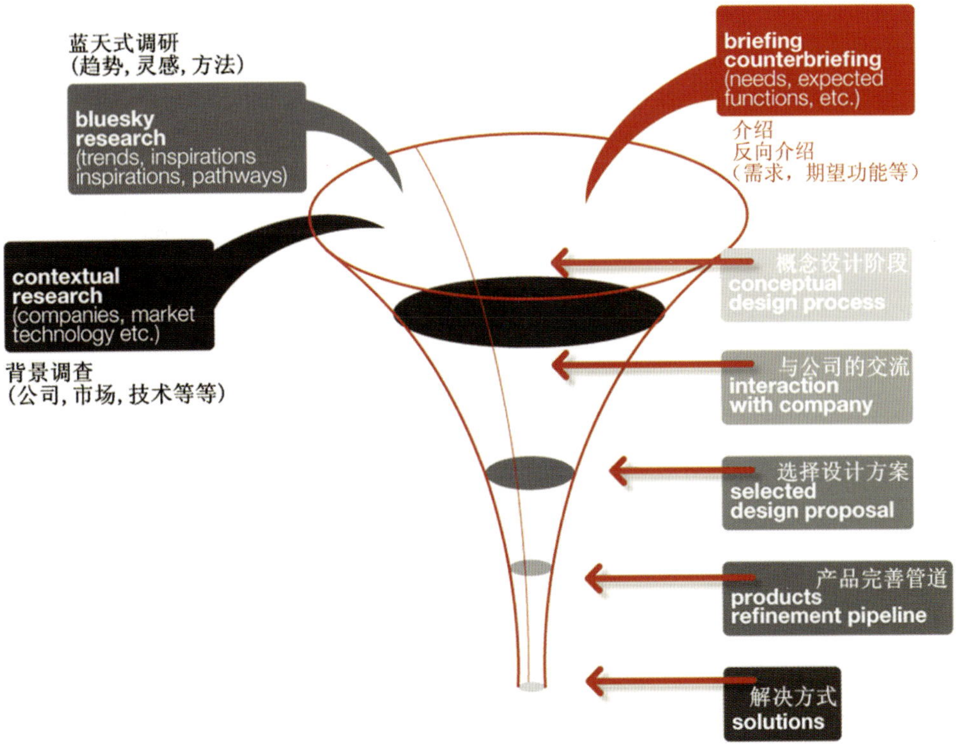

图6-14　产品开发流程图/资料来源：亚历山大教授设计营授课课件

在画流程图的过程中，需要把自己想象成是使用者或者所设计的对象，把发生的时间流按逻辑顺序表达出来，即可完成一幅流程图。图6-15是学生所画的流程图练习，从生活、活动到使用流程，到产品系统的工作流程都可以用流程图来展示。当我们已经很好地掌握了流图绘制的精髓以后，就可以对流程图进行一些美化和变形。好的流程图会使用一些图片代替文字，或者采用一些图形来强化流程图的易读性。

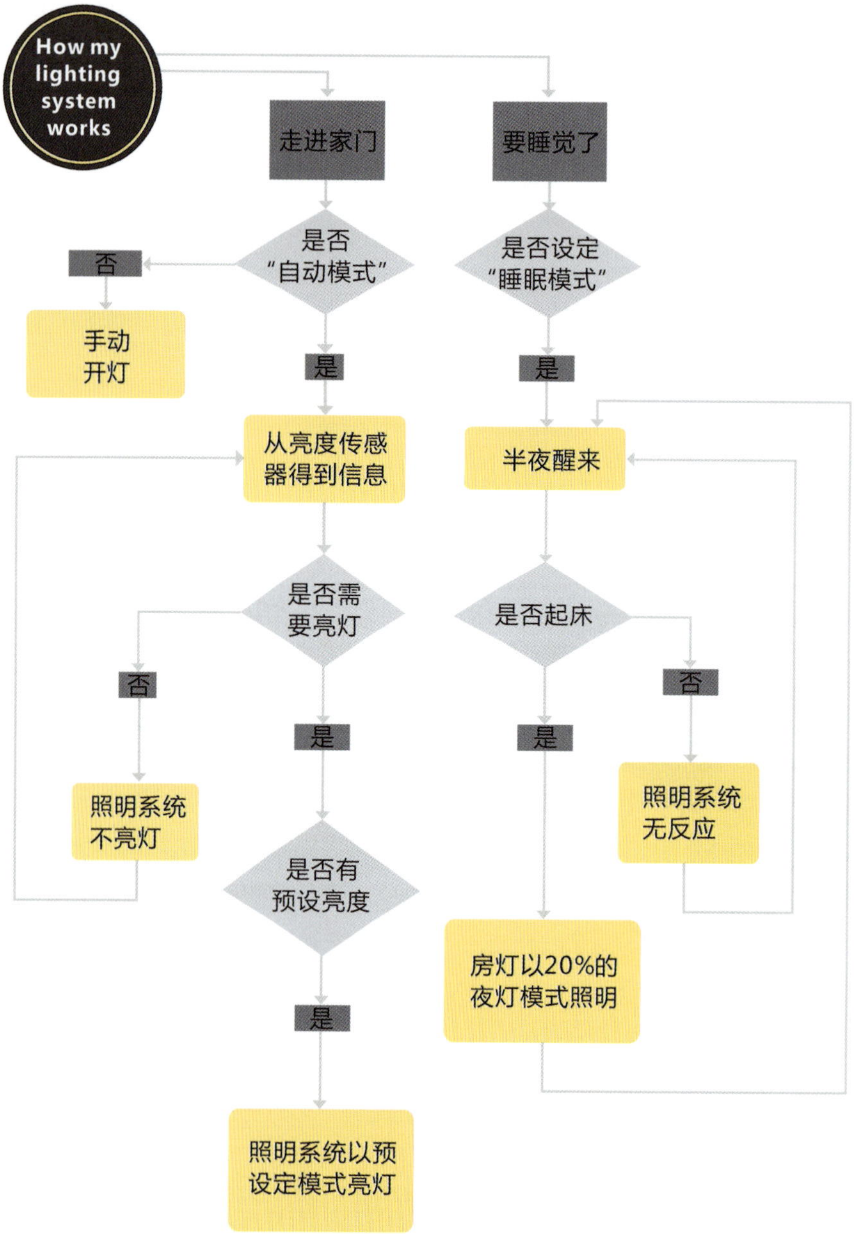

图6-15　家庭照明系统使用流程图/设计：陈玉凤、姜巍

在展示过程中，故事版也是一种常用的人与产品交互方式的展示手段。产品的设计概念是人与物交互的场景，而故事版就是建立一个使用物的场景。故事版描述的是某个实体的“功能”，由一系列分镜头组成，表达一个完整的故事。在设计前期使用故事版，有助于设计者与用户沟通、深化概念、发现问题并衍生出新的概念，在后期的应用则可以作为设计者设计概念的展示与表达。

故事版的内容包括四个部分：角色、产品、环境、行为。故事版中的角色即设定的人物，在故事版中需要赋予其合适的身份与性格特征。故事版中的产品就是创意设计的对象物，这个对象物不一定是具体的产品，而是表达某个“功能”，故事情节的展开就是演绎该功能的使用情景和过程。

环境是故事所发生的背景和环境，是情景的概念，一般包括时间、地点、环境等内容。环境不但包括物理环境，有时也包括社会环境。比如在进行盲人产品的故事版设计时，会表现盲人的生活现状与心理状态，即社会环境，而故事发生的场所就是前面所提到的物理环境。故事版中的环境可以反映设计概念使用时的社会状况、经济状况等背景因素。行为，即人的行为与产品的反馈，是具体的人和系统的交互行为，它将人、物与环境结合起来，构成整个故事的内容。

Patching Board

故事板

1 早上，肥姐带着女儿小欣一起去超市购物。

2 准备回家时，小欣告诉妈妈那边有一个很漂亮的东西。

3 肥姐发现那是一个插线板，还可以当灯用，所以就买了它。

4 到家后，小欣把电视机的插头插在了刚买的插线板上。

5 晚上睡觉时，小欣想去上厕所，但是她妈妈睡着了，那时她看到了插线板在发光。

6 小欣拿着插线板就去上厕所了。

图6–16　产品概念的故事版设计/设计者：倪仰冰、钱春源、王椒、李爽、张和聃

3. 产品形态结构的可视化

在设计展示的过程中，产品形态和结构的可视化是最直观、最重要的部分，也是观众最关注的部分。设计关注的是整个用户体验，而不是简单的形态或者功能。在展示阶段一般采用三维模型表达产品的形态结构，并结合使用场景作为背景，更好地展示设计理念。良好的

形态、结构的可视化表达，可在第一时间为用户展示设计理念，并吸引用户的注意力和好奇心，充分展示设计概念的价值，如图6-17和图6-18所示。

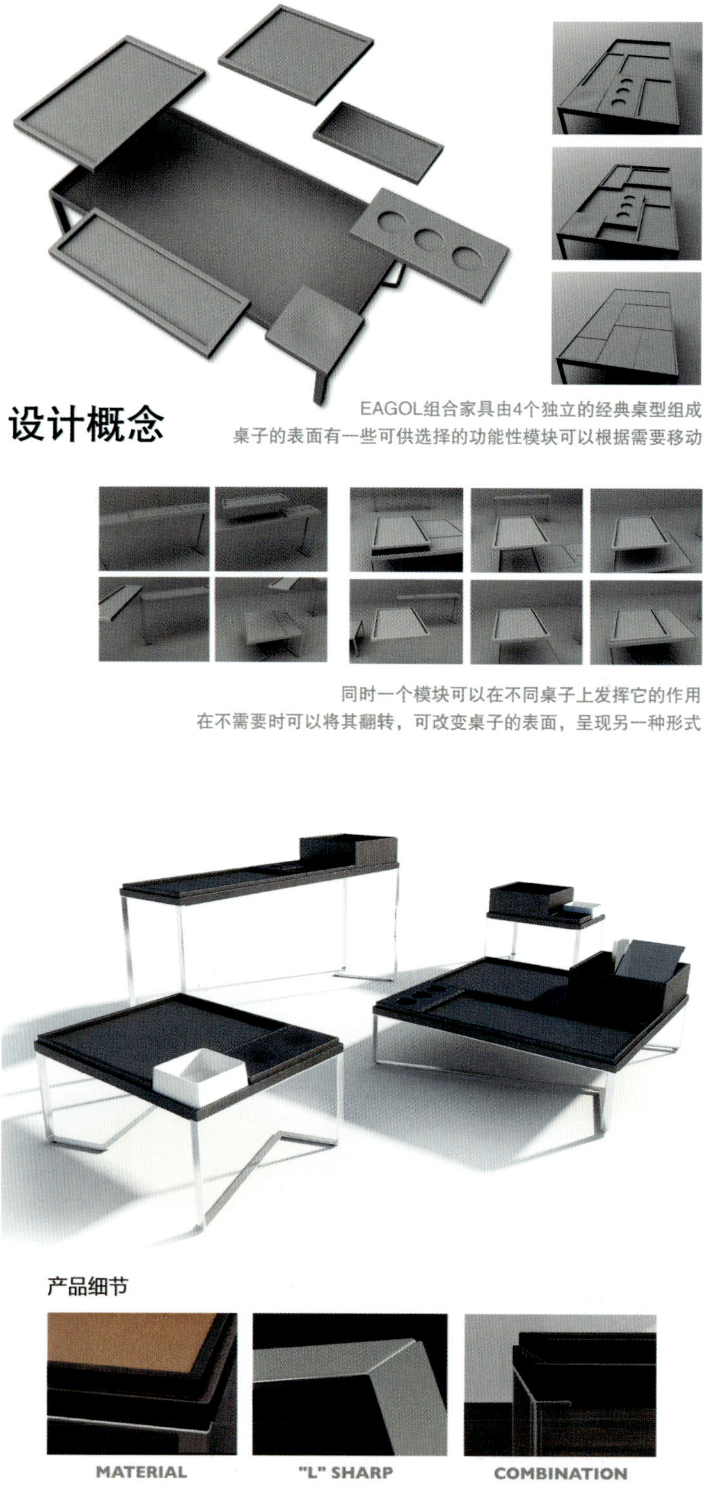

图6-17　桌子形态与结构的视觉化表达/设计：许钦、陈文彬、李柏范、叶娅妮、叶路平

图6-18 沙发使用场景的视觉化表达/设计：许钦、陈文彬、李柏范、叶娅妮、叶路平

6.3 完整表达

设计方案的完美表述是设计流程的最终步骤，也是验收成果的时刻。设计表达是否有力、完善直接影响了用户对于设计概念的认同度。因此完整表达设计非常关键，也是考验能力的一个部分。在设计过程中，完整的设计表达包括版面、模型与PPT演示。

在版面设计中，我们需要在有限的空间里高效地表达设计过程中最重要的部分，那么哪些内容应该包括，哪些内容需要摒弃就很有探究的必要。下面介绍由意大利米兰理工大学弗朗西斯科·佐罗教授提出的产品设计版面模板，这个模板包括了设计流程中最需要展示的部分以及相关展示形式（资料来源：2009国际电器设计营佐罗教授讲课课件）。如图6-19至图6-22所示是国际电器设计营Pizza设计团队“BELL 笔记本电脑多位转换器”设计版面。

（1）研究阶段。

目的：为项目研究定义核心问题和重点议题。

提示：为每个核心问题选用1~2幅有代表性的图片。

内容包括：项目介绍、研究议题、代表图片与描述等内容。需要在前期做好搜集杂志和图片的工作，防止不相关、不合适以及不必要的图像被使用；目的不是填满整个版面，而是去发现适合并且有用的图像。

（2）思维导图。

目的：展现项目研究的思路、灵感和联想。

提示：自由自在地表达，没有任何固定格式，要非常清晰地表现项目的核心内容。

内容包括：重新整理头脑风暴中与项目发展相关的设计路径、将用户行为、生活方式等内容收集起来，使用搜集的图片、照片、草图或者文字的方式去描述具体的行为。

（3）风格采集。

目的：传达材质、色彩、形态等设计风格。

提示：挑选具有代表性且分辨率较高的照片。照片可以来源于完全不同的领域，也可以加上一些关键词进行风格版的制作。不要过于笼统，想象呈现真实产品时因为实现外观与功能的要求所能选择的最合适的材料。

（4）概念描述。

目的：描述设想的主要特征，不需要深入到项目的细节设计。

PIZZA
COLORFUL DESIGN
RESEARCH

青春、活力、激情、阳光、毫不畏惧…这些词都不足够形容我们的团队，我们充满梦想。我们热爱这个团队，因为我们坚信：没有完美的个人，只有完美的团队。

我们是一群追逐梦想的孩子，我们热爱设计，就像我们热爱生活一样。我们热爱生活，就像我们热爱美食一样。设计与生活的关系就好比是馅料之于PIZZA，你可以自己选择加上上面的风味，让你的味蕾体验不同的感觉。而设计之于生活，在于你可以选择不同的设计来体现你的品位，也可以让设计来感染你，体验不同的人生。你的人生是可以由自己抉择的，就像是PIZZA你可以定制自己喜欢的size和taste。给人们带来不同的生活方式，他们喜欢的方式，能够感染他们的方式，这是我们不断追求的目标，也是我们前进的动力。

PIZZA
COLORFUL DESIGN
RESEARCH

INTRODUCTION

经过前期的蓝图调研，发散思路，从生活领域中寻找各种能给予我们灵感的事物，搜索有感觉的图片。从中我们归纳出四个方面，分别是空间的利用，亲环境，新材料和用户体验。

Space Applications

这个书架与楼梯整合设计产品让我们觉得太巧妙了，楼梯的细微变化展现出节奏感，空间得到了充分利用，爬楼梯的时候，看着两边的书，犹如行走在知识的海洋中，给人一种满足。

Pro-environment

想起童年时喜欢吹蒲公英，感觉自己给予那些蒲公英的种子自由，像个大英雄一样自豪；无聊时躺在草地上，用石头摆出自己喜欢的形状，很自由，很贴近自然。我们人类在自然的怀抱中就如同是永远长不大的孩子。

New Material

不同的材料给人的感觉是不同的，对于一种新材质，每个人总是会忍不住想摸一摸，看看是什么感觉，能有什么样的变化，对感觉好的东西总是会经常去接触。

User experience

用户在使用一些用电器时，往往会碰到各种各样的不方便和小问题，比如使用带电线的电器，都会为过多电线烦恼，我们设计师就是为这些问题给以解决的方案。

图6-19　BELL 笔记本电脑多位转换器设计版面（一）/设计：褚志华、陈文彬、王贤凯、盛龙剑、徐周音

图6-20 BELL 笔记本电脑多位转换器设计版面（二）/设计：褚志华、陈文彬、王贤凯、盛龙剑、徐周音

PIZZA COLORFUL DESIGN

CONCEPT

Portable Friendly

DESCRIPTION

每当我们带着笔记本电脑外出时经常会遇到插座不够用的问题，所以我们尝试解决这个问题。年轻人将会成为我们的主要用户群体，他们是活力充沛的人群，所以时尚、便携的产品是他们的最爱，所以我们的产品将具有漂亮的造型设计，美妙的色彩搭配以及方便的便携能力，我们的概念由此产生了。

PIZZA COLORFUL DESIGN

STORYBOARD

1 不幸的一天。

2 路过的时候被纠结的电线绊倒了，摔得嘴啃泥。

3 想用电脑结果发现线不够长，只能硬撑着了。

4 早知道就应该把接线板带出来了，不应该扔在家里。

5 当他拿到BellBell之后，生活开始发生了变化。

6 这个接线板很方便就能够携带，也乐意带着它出门。

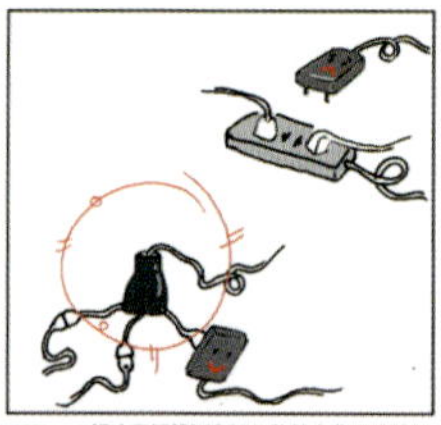

7 解决了插线板空间不能够充分利用的问题。

8 你可以在上面画出自己喜欢的图案，得到一个独一无二的产品。

图6-21　BELL 笔记本电脑多位转换器设计版面（三）/设计：褚志华、陈文彬、王贤凯、盛龙剑、徐周音

图6-22　BELL 笔记本电脑多位转换器设计版面（四）/设计：褚志华、陈文彬、王贤凯、盛龙剑、徐周音

提示：描述要非常清晰，可进行图像合成，可使用关键图像或草图（关注产品本身）。

内容包括：关键性图片、草图及文字描述等。

（5）故事版。

目的：描述用户和所设计的产品（或者系统）之间的互动。时间、空间和关键行为必须阐释清楚。

提示：基于自己的能力选择草图展示或者处理后的图片表达。对展示内容有所取舍，关注重要元素的展示而不是所有的设计细节。可加上图片注解。

内容包括：故事分镜头图片以及图片注解。

（6）项目展示。

目的：用一张效果图综合展示项目成果。

提示：选择一张可以整体展现设计内容的渲染图进行设计作品的整体展示。

（7）细节说明。

目的：对项目的重要细节作出说明和展示。

提示：可以根据需要来展示，包括关键词、图片及语言阐释，此部分可加入相对较多的文字阐述部分。

除了版面对于设计对象的整体介绍，我们很多时候还需要用PPT以及现场答辩，来描述设计理念、细节与背景内容（图6-23至图6-27）。PPT内容在很大程度上取决于观众群的背景与需求，大致框架包括调研、设计概念与设计展示几个部分。在现场演讲与答辩时要注意以下几点。

（1）演讲准备。在演讲开始前，小组成员应设计好大致的演讲流程，每个小组成员都应清楚自己的职责与所负责的内容。

图6–23　国际电器设计营设计项目陈述和答辩现场

（2）着装要求。正式的着装可以展示设计团队对于观众的尊重，以及对于此次演讲的重视，可以给观众一个很好的第一印象。

（3）演讲状态。演讲者要自信，大方，对自己的设计充满信心，并抱着与大家分享的心情介绍团队设计。切不可观众一问问题就紧张，唯唯诺诺，而要抱着探讨的心情欢迎各种讨论。

（4）演讲技巧。演讲者在演讲过程中要注意与场内观众的眼神交流。切不可眼神只盯着一个地方，或者全程看着幻灯片进行演讲。

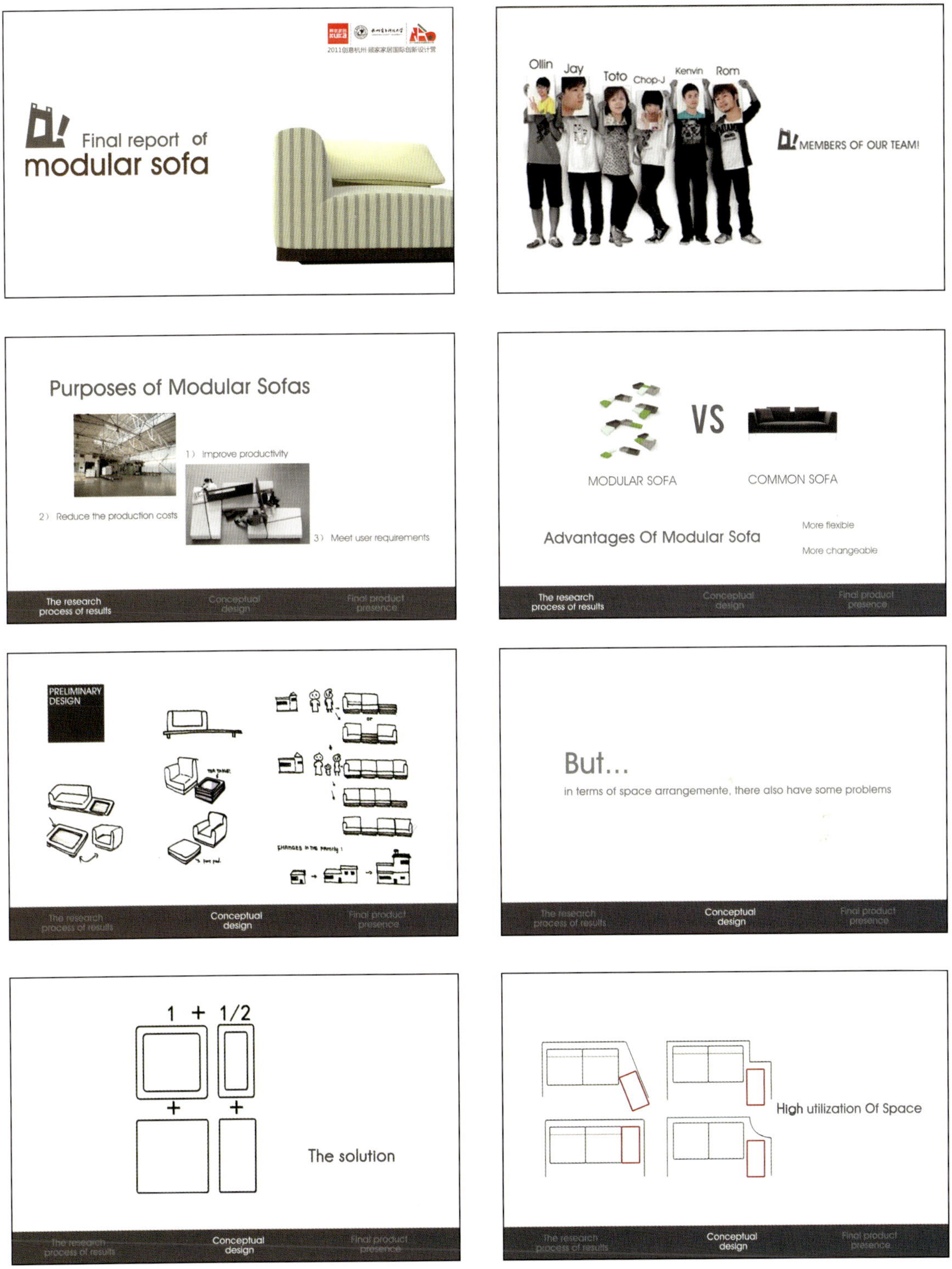

图6-24　国际家居设计营设计陈述PPT（一）/设计：王莹、刘文伟、林定松、周珏远、王相洁、徐洪孟

图6-25 国际家居设计营设计陈述PPT（二）/设计：王莹、刘文伟、林定松、周珏远、王相洁、徐洪孟

图6–26　国际家居设计营设计陈述PPT（三）/设计：王莹、刘文伟、林定松、周珏远、王相浩、徐洪孟

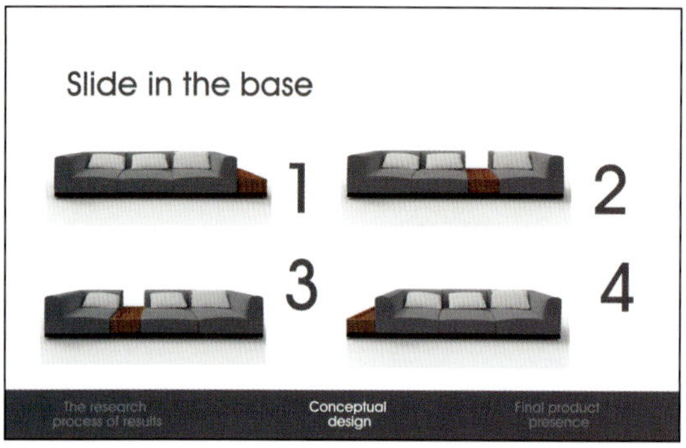

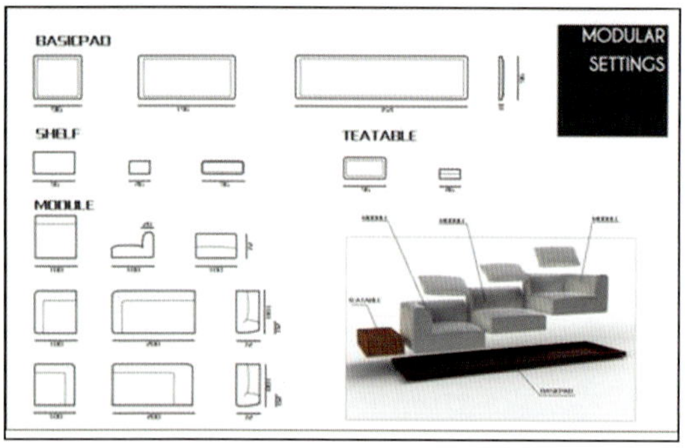

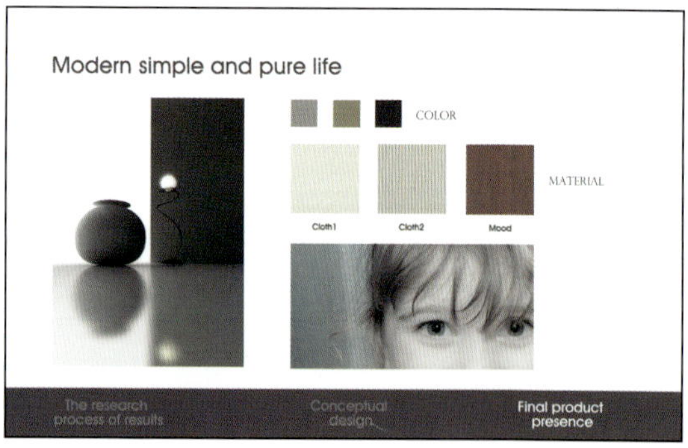

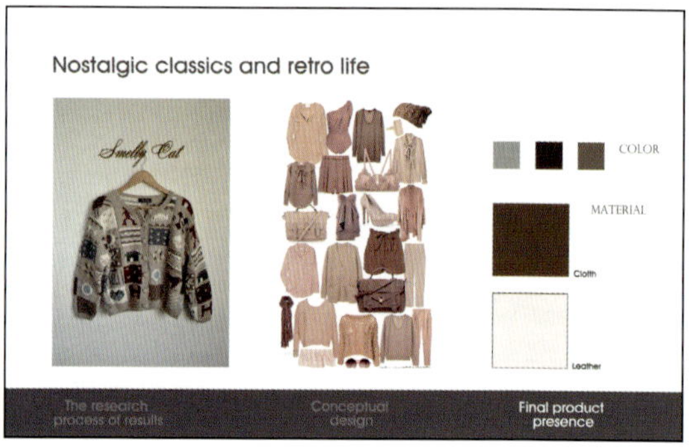

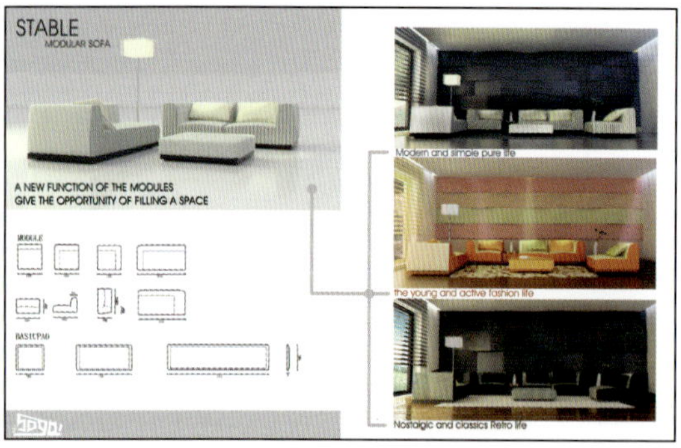

图6–27　国际家居设计营设计陈述PPT（四）/设计：王莹、刘文伟、林定松、周珏远、王相洁、徐洪孟

思考与延伸阅读

思考题1：从以下主题中任选一项进行系统图绘制。

（1）物流车的设计。

（2）手机叫车APP设计。

思考题2：版面设计练习。

要求：从自己设计过的项目中选择一个主题，并按照本章中版面设计的要求进行版面设计。

延伸阅读

（1）[美]基恩·泽拉兹尼．用图表说话[M]．北京：清华大学出版社，2008．

（2）[美]Jonathan Cagan，Craig M．Vogel．创造突破性产品[M]．北京：机械工业出版社，2011．

（3）陈根．工业设计创新案例精选[M]．北京：化学工业出版社，2010．

参考文献

[1] [美]Eric Jensen．适于脑的策略[M]．北京：中国轻工业出版社，2006．

[2] [美]Julie Dirksen．认知设计[M]．北京：机械工业出版社，2013．

[3] [瑞士]皮亚杰．发生认识论原理[M]．北京：商务印书馆，1997．

[4] [美]S・阿瑞提．创造的秘密[M]．沈阳：辽宁人民出版社，1987．

[5] [美]R・H・麦金．怎样提高发明创造能力[M]．大连：大连理工大学出版社，1991．

[6] [日]宫宇地一彦．建筑设计的构思方法[M]．北京：中国建筑工业出版社，2006．

[7] [美]Eric Jensen．艺术教育与脑的开发[M]．北京：中国轻工业出版社，2005．

[8] [美]鲁道夫・阿恩海姆．视觉思维[M]．北京：光明日报出版社，1986．

[9] [英]东尼・博赞．思维导图[M]．北京：外语教学与研究出版社，2005．

[10] [美]诺曼・克罗，保罗・拉索．建筑师与设计师视觉笔记[M]．北京：中国建筑工业出版社，1999．

[11] [英]布莱恩・劳森．设计思维——建筑设计过程解析[M]．北京：知识产权出版社，中国水利水电出版社，2007．

[12] 刘道玉．创造思维方法训练[M]．武汉：武汉大学出版社，2009．

[13] 傅世侠，罗玲玲．科学创造方法论[M]．北京：中国经济出版社，2000．

[14] [美]文森特・拉吉罗．思考的艺术[M]．北京：世界图书出版公司，2010．

[15] 冯崇裕，卢蔡月娥，[印]玛玛塔・拉奥．创意工具[M]．上海：上海人民出版社，2010．

[16] 罗玲玲．建筑设计创造能力开发教程[M]．北京：中国建筑工业出版社，2003．

[17] [美]盖尔・格里特・汉娜．设计元素[M]．北京：知识产权出版社，中国水利水电出版社，2003．

[18] 谷振诣，刘壮虎．批判性思维教程[M]．北京：北京大学出版社，2006．

[19] [美]奈杰尔・克罗斯．设计师式认知[M]．武汉：华中科技大学出版社，2013．

[20] 叶丹．用眼睛思考——视觉思维训练[M]．北京：中国建筑工业出版社，2011．